生命里最重要的事

漫画版

王健平 编著　　王国会 绘

北京日报出版社

图书在版编目（CIP）数据

生命里最重要的事 / 王健平编著；王国会绘 .
北京：北京日报出版社 , 2024.12. — ISBN 978-7
-5477-4810-7

Ⅰ . B848.4-49

中国国家版本馆 CIP 数据核字第 20245Z54Q5 号

生命里最重要的事

出版发行：	北京日报出版社
地　　址：	北京市东城区东单三条8-16号东方广场东配楼四层
邮　　编：	100005
电　　话：	发行部：（010）65255876
	总编室：（010）65252135
印　　刷：	德富泰（唐山）印务有限公司
经　　销：	各地新华书店
版　　次：	2024年12月第1版
	2024年12月第1次印刷
开　　本：	710毫米×1000毫米　1/16
印　　张：	9
字　　数：	103千字
定　　价：	59.00元

版权所有，侵权必究，未经许可，不得转载

亲爱的少年朋友,在你这样的年龄,大脑会像海绵吸水般吸收着周围的一切信息,这是多么让人羡慕啊!但是,如果你缺乏对整个人生的宏观规划,就会被过剩的信息淹没,犹如置身迷宫,总是被下一个转弯所迷惑,无法形成更长远的目标。

作为有经验的成年人,我想告诉你:人生,就像一圈圈多米诺骨牌,由无数大大小小的事情相互交织组成。这些事会被你的行动所影响,而行动由思想支配,思想的形成又往往基于性格,性格则来自年少时养成的习惯。因此,如果你能从大大小小的事情里,分辨出那些最重要的部分,再围绕它们来培养良好习惯,就能改变性格、思想和行为,最终影响自己的未来。

你可能会问:"究竟哪些事情才最重要?"本书将给出答案。

与人相处、融入集体,是立足社会的一个重要方面。在学校的时候,你很可能已经意识到了,那些善于与同学、老师相处的孩子,会得到他人的尊重、信任。其实,任何善于融入集体的人,都能获得所在环境的认可与支持,还能在未来展现良好的社会形象,收获亲情、友情、爱情。

对外探索、对内自律，是不断成长的重要方式之一。你肯定知道，勤于探索是获得良好学习成绩的关键。只有不断地思考，你才能不断地理解新知识；不断地尝试，才能在激烈的竞争中脱颖而出。不过，在漫长的人生中，你不仅要学会探索外界，还要重视对自身的约束。这是因为真正的幸福人生既来自对学业、工作的思考，也来自对健康的正确认知、对内心的深入了解。

学会情绪管理，保持身心健康，都是生活旅途中的要事。当你关注自我时，要试着与自我的情绪和谐相处。情绪是每个人内心最真实的反映，它既是前进道路上的动力，也可能变成我们的绊脚石。孩子，当你学会正确认识并接纳情绪时，它们就不会变成捣乱的小怪兽，而是会陪伴着你战胜困难，越过阻碍，走向幸福和快乐。

无论你有什么样的梦想，健康的身体都是基石，而科学的生活习惯则是保持身体健康的关键。你要从现在开始，就养成良好的生活习惯，包括均衡饮食、规律作息、适度运动等。

能够管控风险，懂得积极进取，才更有可能在将来有所作为。你可能已经发现，生活并非一帆风顺，既充满挑战、机遇，也不乏诱惑、危险。你要像越来越熟练的司机，懂得操控生活的方向盘，在人生道路上避开风险。你要学会从纷纭繁复的生活细节里，识别并评估危险，制定合理的应对策略，并时刻保持警惕。当然，仅仅避开风险是不够的。你还需要学会有意识、有准备地积极进取，这不仅意味着树立明确的目标，还要拥有为实现目标而努力的决心和行动。当你懂得迎难而上、奋力拼搏时，就会发现自己的潜力无限，人生也会因此变得更加丰富多彩。

以上这一切，都是为了拥有更幸福的人生，但你必须先理解什么是幸福。幸福并非来自外部的给予，而是来自内心的满足和喜悦。它源于你对生活的热爱，对家人的关心，对朋友的真诚，以及对自我的认同。你总有一天能学会珍惜当下，感恩拥有的一切，并发现幸福其实就在身边。当然，你更要理解，幸福需要每个人不断地努力追求、妥善经营。

　　通过这本书，你能认识和理解什么是人生的重要事件。作者用清晰可循的逻辑、平易近人的文字，逐步引领你打开视野，建构对人生迷宫的整体理解。当你读懂这本书时，你的思想树种将破土而出，并会在未来长成参天大树，结出甜美的果实。

　　请记住，你的命运不应被他人左右。你要主动地把握机会、迎接挑战，成为自己的主宰者，走向更加美好的未来。

目录

1 与人相处的秘密 ……… 1

家是生命的港湾 ……………………… 2
朋友有多重要 ………………………… 6
尊重异性，也尊重自己 ……………… 10
与人相处的"黄金法则" ……………… 14

2 爱思考，才幸福 ……… 19

练就独立思考的本领 ………………… 20
既学知识，也要实践 ………………… 24
逻辑到底是什么？ …………………… 28
握紧生命的单程票 …………………… 32

3 愿自律意识陪伴你 …… 37

在时间里绽放光芒……………………… 38
良好的礼仪素养……………………… 42
养成理财的好习惯……………………… 46

4 无法离开的集体 ……… 51

认清自由的边界……………………… 52
行善举,但不要乱行……………………… 56
当你错了,你该这样……………………… 60
学会感恩与付出……………………… 64

5 与情绪正确相处 ········ 69

你会怕虫子吗? ···················· 70
远离忧郁,做阳光少年 ············ 74
如何面对心底的小火苗 ············ 78

6 健康就是财富 ········ 83

享受美食 ························· 84
多锻炼,让身体更健康 ············ 88

7 避开人生的风险 ……… 93

强化安全意识 ……………………… 94
遭遇危险，你该这样做 ……………… 98
明白拒绝，建立边界 ………………… 102

8 拥抱积极向上的人生 … 107

让梦想指引未来的方向 ……………… 108
战胜懒惰的劣根性 …………………… 112
激活创新能量 ………………………… 116

9 幸福究竟是什么？ …… 121

守护细节，守护幸福 ………………… 122
告别攀比，活出真我 ………………… 126
会变戏法的幸福指数 ………………… 130

1

与人相处的秘密

生命里最重要的事

家是生命的港湾

孩子，家庭是你生命的港湾。

你在家庭中生活，家庭就是你情感的归宿。在和家人的相处中，你会得到爱也付出爱，你将学会分享与付出，也终将学会成为有责任感的大人。在和父母共度的时光里，你从蹒跚学步、咿呀学语，到聆听教诲、学习玩耍，都会受到他们的影响。

当你遭遇挫折时，家庭就是你最坚强的后盾；当你取得成功时，家人会为你欢欣鼓舞，同你分享喜悦。珍视家庭，能带给你无穷的力量。为了家人，你要不断树立信心，增强勇气，迎接成长。

1 与人相处的秘密

曾国藩是我国近代史上的名人，他对家庭和子女教育非常重视。

虽然身为高官，但曾国藩一直要求全家人生活俭朴，不得奢华。他在京城为官，夫人和子女常年住在乡下，门外也不挂任何牌匾。为了维持生活，夫人在家里亲自下厨做饭、纺织布匹，当时，高官夫人保持这样的作风是非常难得的。

曾国藩并没有因为忙于公务，而疏于对孩子的教导。他经常和孩子们通信，为他们指点文章，帮他们分析在学习、生活中碰到的种种问题。孩子们遇到问题后，也会及时写信向他请教。

按照曾国藩提出的要求，孩子们每天起床后，都要及时洗漱、穿戴整齐，先去向长辈叔伯问安，再打扫房子和庭院，然后坐下来读书、写字，每天要练习1000个字才算完成任务。

即便曾国藩的要求很严格，孩子们也乐于听从父亲的教导，长期保持这样的生活和学习习惯。在良好家教的熏陶下，曾国藩的子孙后代长大之后分别当上了外交家、数学家、翻译家、科学院院士、画家等，成为各个行业的国之栋梁。

生命里最重要的事

家人用心爱着你，你也应用心珍惜家庭。

尽管你的年纪尚小，力量尚微，但请你铭记，每一刻与家人相处的时光都是无比珍贵的。

当你懂得珍惜时，你自然会用心经营和维护家庭。你会更加关注家人的需要，用心倾听他们的声音，了解他们的想法和感受，努力实现他们的愿望。

在和家人相处时，你还要学着反思、包容和谅解。家庭成员之间难免会有意见不合的时候，但你不能只顾自己，而是要懂得反思问题所在，努力包容各种不完美，再用爱去化解矛盾。这样，家庭的氛围才能更加和谐美好。

孩子，家庭是你生命中最重要的财富。你要和家人共同筑起爱的港湾，让它给予你最坚实的支撑、最温暖的陪伴。

1 与人相处的秘密

人生寄语

孩子,家人是你在世界上最甜蜜的牵绊。伴随你的成长,你与家人共度的时光非常宝贵,无论欢笑还是泪水,都让你的生命变得无比厚重。

人生小贴士

1. 适当关注父母的健康状态、工作压力、心情感受等,表达出你的关切之情。这种对家人的关心,也是你长大的重要标志。

2. 无论是做家务,比如洗碗、扫地,还是照顾家里的花草、宠物,或者是在家庭出游前提出合理的设想和计划,都是你在为家庭贡献自己的力量。

动动手

写出你最想为家人做的三件事。

生命里最重要的事

朋友有多重要

朋友,是你生命旅途中的忠实陪伴者,是你在自我探索过程中能够支持、鼓励你的人。

青春年华是美好的,你会在此时遇到形形色色的同龄人。他们可能是你的同学、邻居,也可能是你在绘画班、游乐园里认识的朋友。尽管你们有着不同的家庭背景,但还是能找到共同的乐趣。

有的人能成为玩伴,陪伴你度过快乐的时光;有的人能成为好友,和你一起分享知识、探讨学习;还有的人能成为一辈子的挚友,与你结下牢不可破的友谊。

在相处的日子里,你们会欢笑打闹、分享快乐,也会促膝长谈、相互鼓励。即便是悲伤的事,也会成为你人生中的一段宝贵记忆。

1 与人相处的秘密

东汉时,有个读书人名叫公沙穆。他少年时认真学习,经常请教知名学者,研究《春秋公羊传》和《诗经》有一些成就。

有个富人叫王仲,对他说:"当今世上,人们都要借财富来获取功名,你很有才华,我愿意赠送你百万资产,助你建立功业,你看怎么样?"但公沙穆并不想利用钱财来建立功业,因此婉言谢绝了。

后来,公沙穆迫于生计,到当地大户人家家中帮忙舂米。这家的主人叫吴佑,也很有学问。

有一次,公沙穆正在舂米,吴佑恰巧走过,发现他很有礼貌,像是读过书的人,便主动和公沙穆攀谈起来。言谈中,吴佑发现公沙穆确实学识渊博,见解独到,甚至超过了自己。

吴佑非常钦佩公沙穆,便不顾双方贫富悬殊,和他在舂米的杵臼前约定成为好朋友。

在古代社会,人和人之间有着严格的等级,一个大户人家能和舂米的工人结交为朋友,是很难得的事情。交朋友,就要像吴佑这样,用一颗真心去发现别人的价值,才能换来别人的真心相待。

友谊是宝贵的,但你也要明白,"朋友"两个字,并不代表着一味地迁就和纵容。

友谊应该真实和纯粹。如果只是在一起吃喝玩闹,这样的"友谊"只能带来稍纵即逝的欢乐,禁不起时间和人心的考验。如果彼此之间只是相互吹嘘夸奖,这样的"友谊"也迟早会蒙上虚伪的面具。

古人说,真正的朋友是诤友。这样的朋友非常难得:你努力成长时,他们也在积极进取;你犯错时,他们会提醒你看清脚下的路;你骄傲时,他们会督促你不要躺在功劳簿上;你困惑时,他们会帮助你发现问题的症结;你懈怠时,他们会鞭策你不要陷入懒惰的泥淖。

诤友不会让你一直开心,但他们总是能帮助你成就更好的自己。珍惜这样的朋友吧,他们会成为你人生道路上最为坚定的同行者。与他们相伴,你可以无所畏惧,勇往直前。

1 与人相处的秘密

人生寄语

孩子,人生不能没有朋友。朋友是真正能与你心灵相通、志同道合的人,无论何时何地,你都要珍惜身边的朋友,让友谊成为你人生中最美的风景。

人生小贴士

1. 友谊需要维护和经营。你不妨多发现朋友的优点,当众夸夸你的朋友,并表示自己很想成为他那样的人。你也要适当关心朋友,例如记住朋友的生日,并及时向他表示祝贺,让他感受到你对这份友谊的珍视。

2. 朋友之间需要以诚相待。永远不要对朋友说谎,更不要和他们一起撒谎,否则就会让金子般的友谊蒙上灰尘。

动动手

写出你最喜欢的三位朋友。

_____

_____

_____

_____

_____

生命里最重要的事

尊重异性，也尊重自己

孩子，世界上的每个人都独特而美丽，你也同样如此。

性别是你生命的组成要素，也是你的独特标识，它赋予你独特的魅力。如果你是男孩，你可能拥有强壮的肌肉、高大的身躯、低沉的嗓音；如果你是女孩，你可能长得亭亭玉立、身姿曼妙、声音甜美。这些都是大自然赋予你的独特之处，也是父母送给你的礼物，你当为之骄傲。

你大概已经通过影视作品和小说了解到两性之间会产生爱情，缔结婚姻，哺育后代。爱情和婚姻相互交织，构建了人类文明的画卷。在爱情的世界里，人们会向异性付出关心与呵护；在婚姻的历程中，人们也将给予异性包容与理解。未来，无论你进入何种阶段，都要用心对待另一半，以忠诚和热情处理好彼此的关系。

1 与人相处的秘密

梁思成和林徽因这对世人眼中的神仙眷侣,用一生诠释了什么是爱。

梁思成是我国著名的建筑学家,他出身名门,性格内敛含蓄。林徽因自幼热爱艺术、文学,起初学习美术,后来又钻研建筑。两人结婚后,共同为中国的建筑事业做出了重要贡献。

梁思成第一次拜访林徽因时,林徽因告诉他,自己将来要学建筑学。梁思成那时连建筑学是什么都不知道,林徽因说,那是融艺术和工程为一体的学科。就这样,梁思成对建筑学产生了兴趣。后来,他从清华大学毕业,又到美国留学学习建筑,1928年回国,创立了中国现代教育史上第一个建筑学系。

面对两人都热爱的事业,梁思成和林徽因在婚后相互扶持,共同献身其中。他们在15年的时间里,跋涉了190个县,测绘了2738处古建筑。在荒郊野外、庙宇古刹,他们经常和蚊虫、蝙蝠做伴,吃馒头,喝凉水。但是,无论条件如何艰苦,林徽因都没有抱怨过,尽管她是看上去文弱纤瘦的女子,但爬梁上柱却根本不逊于男子。

有人说,梁思成和林徽因的婚姻,是异性相处的最好范例。

生命里最重要的事

孩子，你要学会尊重异性，理解你们彼此之间在情绪、思维、行为上的不同。

在情绪上，男性通常更倾向于内敛、理智，而女性则往往更细腻而富有情感。

在思维上，男性大都偏重逻辑和理性，女性则更注重直觉和感性。

在行为上，男性往往更偏重决策和行动，女性则更关注细节和协调。

你要注意，这些差异并没有高下优劣之分，而是性别赋予人类的独特魅力。你不必试图改变异性，而是要学会欣赏和包容。

孩子，当你和异性相处时，也不要轻易打上"性别标签"。你应当记住，性别不能决定任何人的品质、能力和价值。当你与异性交流时，要学会倾听他们的心声，而不是轻易否定。在和异性合作时，你应该积极发挥自身优势，与对方共同完成任务。

1 与人相处的秘密

人生寄语

男生和女生共同发挥各自的才能,在社会的各个领域贡献力量,这是人类文明不断发展的重要动力之一。

人生小贴士

1. 你和小伙伴会面临"异性疏远期"。在这个阶段,男生更倾向于和男生玩,女生也更愿意和女生交往。

2. 异性疏远期结束后,男生女生之间会渴望增进交流,然而走得稍微近一些,就容易遭到父母和老师的误解,甚至被认为是早恋。这时,你可以大大方方地解释,这只是一份真挚的友情。

动动手

看描述做判断,打"√"或"×"。

某个异性同学突然哭了起来,你询问他(她)怎么了,然后加以安慰。(　　)

男生看到女生戴着好看的发箍,就伸手想要拽下来。(　　)

女生看到男生穿着粉色的鞋子,就偷偷嘲笑他。(　　)

你是男生,对某位女生有好感,但你提醒自己还没到适合恋爱的年龄。(　　)

你是女生,觉得社会上的大哥哥很帅,答应偷偷和他去酒吧喝酒。(　　)

生命里最重要的事

与人相处的"黄金法则"

有一条与人相处的"黄金法则":你想要人家怎样待你,你就要怎样待人。这个法则适用于任何年龄、任何人。

要知道,情感是相互的。别人对你的态度,其实在很大程度上取决于你对别人的态度。

回想一下,你是否觉得自己明明爱父母,但父母却没有反应?这很可能是你选择了错误的方式表达情感。同样,错误的表达方式也可能导致师生间的误解、朋友间的龃龉……

面对任何人,你都要牢记"黄金法则"。你想要别人如何对待你,那么你首先就要那样对待别人。无论对方是谁,你都应该表现出亲切和善的态度。在此基础上,你再设想自己就是他们,想清楚"此时的自己"最需要什么,然后你就给出什么。

与人相处,其实就是这么简单。

1 与人相处的秘密

战国时期,梁国与楚国相邻,两国在国境线上设置界亭,派驻士兵,互相监视对方。为了改善生活,士兵们在各自国界内的农田里种了西瓜,并期待着西瓜成熟。

梁国士兵很勤劳,他们按时除草、浇水、捉虫,所以瓜秧长势喜人。楚国士兵却时常偷懒,不愿意照看田地,于是瓜秧很瘦弱。

眼看这场种瓜比赛就要输给对方,楚国士兵觉得丢了面子,心里的妒火越烧越旺,于是,他们趁着夜晚偷偷越界,扯断了梁国士兵的瓜秧。

第二天,梁国士兵发现瓜秧被毁后,断定是楚国士兵干的。他们很气愤,集体跑去向县令报告,说:"不如我们也偷偷去楚国那边,砍断他们的瓜秧!"

但是县令说:"他们这样做很卑鄙,可如果我们再跟着学,那就更不对了。照我看来,不如每天晚上偷偷去帮他们浇水除虫。"

于是,梁国士兵开始在夜里偷偷去帮助对方浇灌瓜秧、杀灭害虫。楚国士兵发现后,觉得很羞愧。而楚王听说这件事后,也很是感慨,备了重礼赠送给梁王,表示自责和感谢。

两国原本可能因为小事而产生纷争,但因为梁国真诚的态度,两国成了友好邻邦。"黄金法则"引导人和人友好相处,也同样适用于集体之间。

生命里最重要的事

现实生活中,有些人很受欢迎。因为他们很善于理解别人,会站在别人的立场上,为别人着想。这样的人,大家都愿意亲近。

只要懂得与人相处的黄金法则,你就能成为这样的人。

要养成为他人着想的习惯,不妨在开始行动前,先观察别人的立场,设想对方会有怎样的需要。这种习惯会让你的心胸更宽广,行为更周到。有了这样的付出,你才有可能赢得其他人的信任,或者在团队中收获支持。

1 与人相处的秘密

人生寄语

没有人能永远孤独地生活在世界上。你要先理解他人,他人才会来理解你。

人生小贴士

1. 每天临睡前思考下列问题:今天,我是否用自己不喜欢的态度苛责了别人?我是否用了自己不喜欢的语言和别人说话?我是否做出了自己也不喜欢的行为?

2. 你可以找到曾和你闹翻的小伙伴,真诚地告诉他自己很怀念曾经的友谊,希望能跟他和好,重新成为好朋友。

动动手

写下你认为最不文明的三种言行,并杜绝它们在自己身上出现的可能。

爱思考，才幸福

生命里最重要的事

练就独立思考的本领

世界上有数不清的问题。有些问题是大人们精心设计的,它们被写在课本和试卷上,等待着我们去解答。但也有些问题,并没有固定答案。例如,当你回家时,父母可能会问:"今天在学校感觉怎么样啊?"还有一些问题,会引出更多的问题,比如:"到底是先有鸡,还是先有蛋呢?"

第一类问题有标准答案,而后面两种问题并没有标准答案。想要解答它们,你需要具备更多独立思考的本领。

独立思考并不容易。我们很容易将书本上的知识全部奉为真理,甚至连同伴们随口说的话也当真。有时候,你还会觉得凡事都靠自己探究,那也太烦、太累了,为什么不去找现成的答案呢?但长期盲从,会让你无法识别错误的观念,或者形成和周围人同样的偏见。

尽信书不如无书。

2 爱思考，才幸福

曾经，古希腊哲学家亚里士多德在欧洲备受推崇，很多老师告诉学生，亚里士多德已经解答了世界上所有的科学问题。当学生提问时，老师会说："你也可以去亚里士多德的书里面寻找答案。"就这样，很多人都把亚里士多德看成真理的来源。

亚里士多德提出，两个物体从同样的高度落下，必然是重的先落地，轻的后落地。在随后差不多两千年的时间里，几乎所有人都对此深信不疑。

16世纪，年轻的伽利略在独立钻研后认为，无论物体是轻还是重，只要从相同的高度同时落下，都应该同时落地。

为了证明心中的理论是正确的，伽利略准备了两个轻重不同的铁球。他经过申请，登上了比萨斜塔，让这两个铁球同时从塔顶落下。塔下围观的人们惊讶地发现，两个铁球果然是同时落地的！

实验结束后，伽利略做出了解释：之所以羽毛和铁球落地速度不一样，是因为羽毛受到了较大的空气阻力。而不同质量的铁球受到的空气阻力差别很小，几乎可以忽略不计，因此它们会同时落地。

伽利略的独立思考，让他在世界科学史上有了重要的位置。

生命里最重要的事

孩子,你永远不能被"理所应当"四个字所控制。须知,世界上没有永远的理所应当,习以为常的规律也可能有失效的情况,许多事情都有改变的可能。面对每个想法、每个观点,你都要自己认真审视和判断,才能看清世界的本质,并成为遨游其中的智者。

独立思考是重要的,但这并不意味着你能忽视别人的想法和感受。即便身处同样的环境,每个人也都有自己独特的观察视角和思考方法,你必须学会倾听、包容和理解别人,观察别人是如何解决问题的。这样,你们的独立思考才能并行不悖,相互作用,形成合力。

孩子,人生不是笔直的轨道,而是广袤的旷野,它充满了各种未知和变数。始终保持独立思考,你就不会在旷野中迷失。

2 爱思考，才幸福

独立思考，能让你深入探究问题，主动探索世界。当你养成独立思考的习惯，就能学到更多知识，拥有更加丰富完整的经验，成为人格健全的博学者。

1. 孔子曰："学而不思则罔，思而不学则殆。"只是学习却不思考，就会感到迷茫而无所适从；只是思考却不学习，就会心中充满疑惑而茫无定见。只有将学习与思考紧密结合，我们才能在知识的海洋中畅游无阻，不断提升自己的认知和能力。

2. 如果你遇到麻烦，可以从另一个角度思考解决的办法。比如，站在其他人的立场上，看看会不会对当下的局面有不一样的看法。

动动手

为你的周日设计日程，写下计划要做的事。

上午：
_____
_____

下午：
_____
_____

晚上：
_____

生命里最重要的事

既学知识,也要实践

孩子,你正在经历的时期,是人生之路的重要起点:求知期。

人不能生而知之。你之所以能明事理,有赖于你从出生后就开始学习的知识。你从学说话、学走路,到学认字、学看书,再到走进幼儿园、小学、中学……没有点滴积累的知识,你就无法健康成长。

你要重视在学校的学习,在这里打下扎实的知识基础。学校的围墙能帮你隔开外界的喧扰,父母的努力也会让你远离生活烦恼。你应静下心,沉浸在学习的乐趣中。

当你成人后,也要保持在学校养成的良好的学习习惯。你的每一天都不应虚度,应利用这些时光继续学习,努力超越过去的自己。

2 爱思考，才幸福

李时珍是明代医药学家。他受家庭熏陶，从小就喜爱研究医药，立志悬壶济世，学习了很多相关知识。30岁时，他已小有名气，先在楚王府掌管良医所，后来又被推荐到京城的太医院。在此期间，李时珍有机会接触到王府和太医院里大量外人难以得见的医书，他如饥似渴地研读医理，医学水平得到了很大提升。

在学习时，李时珍也并未迷信书本，甚至还发现了古代药书中的错误之处。有些书将药物的名称、性质弄混了，如果医生轻易采信，让病人服用，就会有生命危险。于是李时珍决定，要亲自去调查和研究药物，重新编写一本药书。

为此，李时珍离开京城，在民间一边行医，一边搜集各种药方。为了了解一味药物，他会翻山越岭，亲自采摘草药，研究其药用性质。为了验证曼陀罗花的药性，他甚至亲自尝试，终于发现了其麻醉效果。

历经三四十年的潜心学习与不懈实践，李时珍为后世留下医药著作《本草纲目》。这本书记录了近2000种中药、上万个药方，为我国医学的发展和传承做出了巨大贡献。李时珍的成功，除了勤于学习，也在于注重实践。

生命里最重要的事

求知和实践就像一片树叶的两面，如果缺少其中任何一面，树叶也将不复存在。只有求知，就等于一味索取而无回报。只想实践，就会变得盲目而无依据。

求知是对智慧的滋养，实践则是智慧结出的果实。在广袤的知识大地上，每个人都如同大森林里的植物，既要不断汲取养分、提升自我，也要持续努力、贡献价值。

孩子，当你将所学的知识运用到实际生活中时，才能真正体会到知识的价值。借助实践，你才能知道自己拥有了哪些解决问题的能力，还欠缺哪些知识；借助实践，你才能不断地学到书本上没有的知识，在探索中不断扩大自己的知识版图。

你这一生都应珍惜求知的机会，更要主动去实践。如何将求知与实践完美地结合起来，是每个人都应面对的重要课题。

2 爱思考，才幸福

人生寄语

请记住，你掌握知识不是为了考高分，而是为了让自己拥有更多的本领。

请记住，你认真学习不是为了实现父母的期望，而是为了充盈内心世界，把握人生航向，做知行合一的人。

人生小贴士

1. 你要学会对已掌握的知识进行分类。有些知识侧重原理，告诉你"这是什么"；有些知识侧重方法，告诉你"该怎么做"。

2. 生活中遇到困难，要及时到书本中寻找方法。课堂上学到的知识，要找机会在生活中运用。

动动手

连一连，将下列知识和可以实践知识的事情对应起来。

英语　　　　　计算家里装修需要的材料面积

语文　　　　　为爷爷撰写春联找素材

数学　　　　　去使用英语的国家，旅游时主动和别人打招呼

物理　　　　　帮助社区的小店校准天平

生命里最重要的事

逻辑到底是什么？

逻辑是指思维的规律，它包括思维规律和客观规律。

逻辑思维不仅会帮助你更轻松地学习或考试，它还会贯穿于你未来生活的方方面面，帮助你解决更多想不到的难题。无论是工作方面的困难，还是生活上的需要，逻辑思维都能帮助你透过现象认识本质，从千变万化的表象背后，提炼出简单而深刻的规律。按照这样的规律去行事，你就能立于不败之地。

信息爆炸的时代，每个人无时无刻不在接受各种信息和观点。只有遵循逻辑规律，你才能对它们进行理性分析和利用，找到正确的思考方向。

2 爱思考，才幸福

格雷乔是一家商贸公司的普通员工，每天的工作都和处理文件有关。

有一天，格雷乔正在忙着工作，突然不小心打翻了咖啡杯，杯里的咖啡全都泼洒出来，还溅到了重要的文件上。

这下，格雷乔慌了。这份文件刚得到上司的批准，他正准备拿去复印。他立即将文件拿起来吹干，发现纸面虽然被污染了，但字迹还是清晰的。格雷乔赶紧拿着文件去复印。可是没想到，复印出来的文件上，被污染的那部分内容根本看不清楚，始终是一块黑斑。

没办法，格雷乔只好重新起草文件，再提交、复印。

忙完这一天，格雷乔意识到，自己这次粗心失误的背后，似乎隐藏着某种有趣的现象。

经过接连几天的思考，格雷乔发现咖啡污渍在原件上看似不影响字迹辨认，但在复印过程中却会导致内容无法清晰呈现。他由此受到启发，认为或许可以利用这种现象的原理，找到一种防止复印的办法。

经过反复试验和改进，格雷乔终于取得了成功。就这样，人类历史上的防复印纸诞生了。

生命里最重要的事

无数事实证明，缺乏逻辑思维的"真"，就无法获得道德上的"善"和情感上的"美"。所以，你要从现在开始，锻炼自己掌握逻辑思维的能力。

逻辑思维需要比较。你应比对不同的事物，确定其中哪些是相同的，哪些是有差异的。比较能让你学会鉴别，有了鉴别才会有选择、有发展。

逻辑思维需要分析。你应将复杂的事物分解为若干个独立的要素，然后分析这些要素的特点，了解其相互关系，进而明确其本质。

逻辑思维也需要纵观全局。你应将看似关系不同的事物联系起来，综合考虑，从错综复杂的现象中，探索它们之间的联系，从整体上把握事情的本质和规律，获得新的知识。

逻辑思维还需要推理。你可以在现有的基础上，按因果关系逐步推论，最终得出新的结论。

2 爱思考，才幸福

人生寄语

你终有一天会独自面对复杂的世界，为此，你应该尽早掌握逻辑思维，遵循思维法则。你越是独立、睿智、冷静，就越能驾驭和保护自己，看清外界的本质。

人生小贴士

1. 建立沟通逻辑：在说话前，要先想好说话的目的，再设想对方会提出怎样的观点或问题。多进行思考，就能提升你的逻辑思维水平。

2. 掌握分析逻辑：首先，观察问题有什么表现（认识现象）。其次，调查问题导致了什么结果（分析影响）。最后，探寻问题的原因是什么（归因来源）。

动动手

请回答下列逻辑问题，可以和任何人讨论。

1. "如果昨天是明天就好了，那么今天就是周五了。"请问今天实际上是周几？

2. 为什么有人认为"白马非马"呢？

3. 现在，你家客厅的茶几、饭桌上有哪些物品，你可以怎样对它们进行分类呢？

生命里最重要的事

握紧生命的单程票

你喜欢小动物吗？答案应该是肯定的吧。也许你还养过宠物，它可能是小仓鼠、小兔子、小鸡……你经常照顾它们，你们就像是好朋友。但你想过没有，动物的寿命远不如人，你终有一天会面对它们的离开。

人的生命也是如此。

只要有能源，机器就能一直运转下去，出现故障还能维修。但人体并非机器。它有时很坚强，有时却很脆弱，自然灾害、安全事故都可能夺走人的生命，疾病也会让人的健康受到侵蚀，甚至导致死亡。

当一个人死去后，他的家人、朋友会举行追悼会或告别仪式，和他说再见。之后，这个人只会活在这些人的记忆中。

或许，你也曾想和父母、老师谈论"死亡"，但却不得要领。一些人可能会避讳这个话题，但其实这是每个人的必修课。

2 爱思考，才幸福

许多国家的文化里都有纪念故者的节日。

在中国，清明节是家家户户祭奠先人的日子。这一天，很多学校会组织扫墓活动，以此缅怀革命先辈，纪念为大家付出了生命的英烈。扫墓的时候，小朋友也会默哀三分钟、献上小白花，相信这时在他们心中只有满满的感动，一点也不会觉得可怕。

在墨西哥，亡灵节同样也是缅怀先人的日子。每年的11月1日和2日，都是墨西哥最隆重、最独特的节日。这两天，很多民众都会走上街头，举行亡灵节游行，庆祝生命周期的完成，迎接与死者在精神上的团聚。

司马迁说："人固有一死，或重于泰山，或轻于鸿毛。"墨西哥曾获诺贝尔文学奖的作家也写道："如果死得毫无意义，那么，其生必定也是如此。"

在一次心理辅导活动中，研究人员给每个参与者发了一张纸条，请他们写下这辈子最想完成的三个心愿，再写下就算离开人世也想保留的东西。写完后，参与者不需要将纸条交给任何人，而是慢慢撕碎、扔掉。活动结束后，参与者都感觉更加热爱生命了。

死亡并不可怕，相反，活得毫无意义才是最可怕的。

生命里最重要的事

小时候，当你问起"死亡"这类话题时，有些大人可能会编织出美丽的谎言：人死后，就会变成天上的星星；人死后，就会去很远很远的地方。其实，这些都不正确。

人的生命只有一次，失去之后，这个人就不存在了。任何人最终都会离开这个世界，无论他是谁，这才符合自然之道。

无论人们多么努力，都无法阻止时间的流逝，无法改变生命的终点。但这并不意味着你应该消极对待世界，相反，死亡就像一位导师，意识到它的存在，才能珍惜当下的每一刻。

正因为死亡迟早会到来，所以每个人都要热爱和尊重当下，努力向上生长，让生命变得精彩而有意义。同样，你也要学会尊重他人的生命，不要欺负那些弱小的人，而要尽可能地帮助他人，并理解他们的痛苦和悲伤。

2 爱思考，才幸福

人生寄语

生命有开始，就有终结。每个人来到这个世界，都如同开始一段旅程，我们踏上旅途后的选择，将决定生命是否有意义、是否足够精彩。

人生小贴士

1. 世界上没有比生命更重要的东西。你的生命来自父母的馈赠，无论什么情况下，你都要爱惜自己、保护自己。

2. 每个人都是独立的生命体。无论相互之间有多少牵绊，我们终究都会分离。人生最重要的事，也包括好好珍惜身边的每个人。

动动手

请判断下面的话是对还是错，用"√"或"×"表示。

死亡就是不幸，我听到任何这样的消息都会害怕。（　　）

听说，人死了会变成鬼。（　　）

即便最爱的亲人死去了，我们还是要继续生活下去。（　　）

人生活在世界上总会有压力、有痛苦，不应该用死亡逃避。（　　）

3

愿自律意识陪伴你

生命里最重要的事

在时间里绽放光芒

你是否能意识到时间的流逝?看看墙上的挂钟,秒针每跳动一次,就意味你的人生又缩短了一秒钟。再看看桌上的日历,每翻过去一张,就代表你的生命又减少了一天。

时间是每个人与生俱来的财富。它如同一家"银行",对每个人都很公平,你向银行里投入得越多,获得的回报也就越丰厚。而如果你从银行里取出得越多,财富自然就会减少。

有的人每天奔波,用时间来换取金钱和地位。也有人选择学习、思考,将时间投入到对内心世界的建设中。无论你未来选择怎样的生活,时间都会以它独有的方式,在你的生命中留下深深的烙印。

时间会见证你的成长、奋斗和收获,也会记录你的失落、痛苦和遗憾。经过时间洗礼的你,将会成为一个独一无二的你。

据说,北宋文学家、政治家司马光小时候,担心自己的书读得不如别人好,于是争分夺秒地学习,养成了珍惜时间的好习惯。

每当大家一起学习时,其他兄弟把文章背下来就去玩耍了。但司马光却不同,他会一个人待在屋里,关上窗户,继续认真朗读、背诵,直到合上书本也能背得分毫不差,才放心去休息。

司马光还非常注意利用时间。当他骑马赶路,或者夜里无事时,都会默诵经典著作的段落,思考文章的内容。因为在读书上花了很多时间和精力,所以他始终不曾忘记少年时背过的文章。

司马光很讨厌睡懒觉,为了不浪费时间,便用一根圆木作为枕头。睡熟后,只要圆木枕头一滚动,人就醒了,他便能接着继续读书。司马光还特意给这个特别的枕头取名叫"警枕"。

司马光之所以学识渊博,能著书立说,凭借《资治通鉴》名垂青史,和他对时间的珍惜是分不开的。

生命里最重要的事

没有人不爱惜宝贵的生命，但很多人却不懂得珍惜时间。其实，与时间相处的秘诀不在于喊口号，而在于转变心态，养成良好的习惯。

你要变得很谨慎，随时随地抓紧时间的翅膀，不要让它溜之大吉。为此，你应该学会将计划做的事情分类，把最重要并且最紧急的事情放在前面，也就是"要事第一"。

还有，你要懂得规划。先把最重要的事项区分出来，便于准时完成。再按照需要花费的时间长短，逐项完成要做的事项。这样，你就不会浪费宝贵的时间。

最后，你还要懂得利用碎片化时间。早晨起床洗漱时，你可以听英语录音；等公交时，你可以在心中默背古诗词。日积月累，你就相当于比别人拥有了更长的生命。

3 愿自律意识陪伴你

人生寄语

时间是最公正的。你把时间花在哪里，就会在哪里得到回报。当你将时间浪费在毫无意义的事情上时，就会白白消耗自我。

人生小贴士

1. 在心里学领域有一个"十万小时定律"，是说任何人想要在任何领域成为专家，都需要经过至少十万个小时的学习和实践。

2. 帕累托定律又称二八定律，即每个人生命中 80% 的成就，都来源于 20% 的关键事情。所以，你要始终记得，集中时间和精力去完成那些最重要、最有价值的任务。

动动手

请做一个每日计划表，管理好自己的日程。

生命里最重要的事

良好的礼仪素养

礼仪素养，是一个人最好的名片。

一个人身上最吸引人的，往往不是美丽的容颜，而是优雅得体的仪态举止。一个人能够赢得他人的信任，往往不是因为他的夸夸其谈，而是因为他的谦和有礼。

礼仪素养，是你自带的"光环"。虽然你身为学生，主要的任务是学习，但你如何打招呼、如何接电话、如何出行、如何用餐……种种行为也同样展现出你的个人素养。如何让行为更符合礼仪，同样是重要的学习内容。当你拥有良好的礼仪素养时，人们就会自然而然地尊重你、接纳你。无论你走到哪里，都会得到他人发自内心的信任。

礼仪素养，也会帮你赢得更多的友情。一个真诚的微笑，一句温暖的问候，一次谦虚的礼让，都传递出你对他人的尊重和友善。这很容易拉近别人和你之间的距离。

3 愿自律意识陪伴你

南北朝时期,有一位官员名叫陆慧晓,他很有才华,且能力超群,在朝廷担任长史。虽然如此,他却从来不会骄傲自满,更不会失去礼仪风范。

每当有官员来到家里拜访时,无论对方身居何职,陆慧晓都是一视同仁,以礼相待。等到客人离开时,他还会起身相送,礼数周到。

陆慧晓的待人之道和当时很多高官贵族都不同。他的下属对此非常不解,于是问道:"大人,您身居高位,不能对谁都如此礼貌,这样好像有失身份。况且,您如此讲究礼节,对自己其实并没有好处,何苦日复一日地坚持呢?"

陆慧晓淡然一笑,回答道:"欲先取之,必先予之。我想获得所有人的尊重,就必须先尊重所有人。"

我国是传统的礼仪之邦。荀子曾说:"人无礼则不生,事无礼则不成,国无礼则不宁。"小到一个人,大到一个国家,如果缺少礼仪,就难以立足和发展。

生命里最重要的事

培养礼仪素养,需要分清场合,主动实践积累。

参加集体活动时,你应穿上得体的衣服,保持整洁的形象;在公共场合时,你要避免高声喧哗,更不能乱扔垃圾、随地吐痰;和他人沟通交流时,你应学会耐心倾听,不要随意打断对方。任何不文明的行为,都会破坏你的形象,也会给别人带来不便和困扰。

更高端的礼仪素养,则在于随时理解和尊重别人的感受。有句话说得好:"看一个人素养如何,就要先观察他对待无关者的态度。"意思就是,哪怕对方只是和你擦肩而过的陌生人,与你偶有交集,你也应该以亲切和善的态度对待他们。尤其当你获得他人的帮助时,更要运用"谢谢""你好""请""辛苦了"等文明用语,以此表达你的谢意。

3 愿自律意识陪伴你

人生寄语

礼仪素养，更多地体现在日常生活的点滴细节里。每个人的行为习惯，都会以各种方式影响周围的人。人们既会根据话语的内容来了解你，也会看你的行为是否有温度、有风度。

人生小贴士

1. 当你来到陌生环境时，可以提前向父母或师长了解这里的礼仪禁忌，再了解自己做哪些事不会失礼。

2. 当你看到不文明、不礼貌的行为时，可以设想行为者如果是自己，别人会怎样看待你。经常进行这样的训练，就能形成时刻保持良好礼仪的意识。

动动手

判断下列行为的对错，在后面的括号里打"√"或"×"。

上地铁时，总是要挤到队伍最前面。（　　）

在小区遛狗，不愿意拿绳子牵着它。（　　）

去医院看望亲戚，在病房里大声说话。（　　）

和同学们一起参加集体春游，服从老师和导游的安排。（　　）

生命里最重要的事

养成理财的好习惯

　　理财是人生的一项必备技能。掌握正确的理财方法，就像拥有了精明、高效而忠诚的助手，能帮助你将未来的事业和生活管理得井井有条。

　　千万别觉得自己年龄还小，只要好好学习就行了，不用管钱的事。其实，金钱是每个人一生中都离不了的东西。如果擅长理财，金钱就会变成你的好朋友，反之则会给你带来各种烦恼。

　　好的理财习惯，并非只是"不乱花钱"。我们从小开始熟悉和掌握基本的金融知识和工具，是为将来的成长做准备。试想，总有一天你会告别校园，离开父母，去职场上打拼，独自面对外界的风风雨雨。那时，无论收入高低，你都需要有良好的理财能力，对自己的经济状况做合理的规划。而现在形成的良好理财意识，就能让你拥有安全稳定的立身之本。

3 愿自律意识陪伴你

1855年,约翰·洛克菲勒离开学校。为了养活自己,他进入纽约一家公司,担任会计助理员。这年,他只有16岁。虽然他是一名新手,但他工作很努力,处事有条不紊,好像天生就擅长理财。

除了为公司记账外,洛克菲勒还为自己也准备了账本。在封皮上,他端正地写上了"总账"这个词。

虽然洛克菲勒每周只有3.5美元的薪水,但他还是非常认真地记录。他第一周的薪水是这样花费的:2.5美元,购买手套一双;0.1美元,捐献给教会;0.25美元,捐款给穷人……这样的账记一次不难,但坚持一年365天都这样记账,很多人就会觉得麻烦,最终把记账看作生活的负担,草草放弃。但洛克菲勒却乐在其中,他既不觉得数字枯燥无趣,也不觉得记账这件事没有用。他日复一日地记录,在这个过程中,他对管理金钱产生了强烈的责任感,也拥有了更积极的工作态度。记账,为他日后的成功奠定了基础。

几十年后,洛克菲勒成为石油大亨,但他还是没有改变每天记账的习惯,他说:"要懂得金钱的价值,别糟蹋它。"

生命里最重要的事

你是否听过这样的话:"孩子,你只要好好学习就行了,其他的事情都不要管。"但如果你只知道向父母伸手要钱,却从不关心家庭的收支,也没有思考过挣钱的问题,觉得这一切理所当然,就会失去学习理财技能的大好机会。

想养成良好的理财习惯,你不妨从了解父母如何劳动并赚取金钱开始,多观察家人是如何向社会贡献价值并获取报酬的。然后以此为起点,再逐步学会观察整个社会的分工体系,从中探寻财富流动的规律,相信你一定会有所收获。

消费和理财是分不开的。当你想动用零花钱购买文具、玩具时,不妨先想想自己是否真的需要这些,再想想如果将钱节约下来,是否能带来更大的回报。当你确定要购买时,也不能一味地图便宜,因为有时看似省了钱,却很可能由于质量问题而导致后续的不必要花费。

3 愿自律意识陪伴你

 人生寄语

财富并非只是数字，它更是人类智慧和劳动的结晶，背后凝聚着无数人的辛勤汗水。爱惜财富，是对人类价值的尊重，也自然能得到相应的回报。

 人生小贴士

1. 要有意识地培养自己储蓄的习惯。你可以请父母陪你到银行开办储蓄账户，并向大人请教关于存取款的知识，了解什么是利率、利息等。当你拥有属于自己的第一本存折、第一张银行卡，看到日渐增加的存款数字时，就会体验到新的快乐。

2. 学会拟订消费计划。你可以从短期计划开始，如拟订一周、一个月、一个暑假的消费计划，提前预订想要的书籍、文具、玩具等。

动动手

填写下面的零花钱收支记录表，坚持一周，看看效果如何。

日期	事项	收到金额	支出金额	结余金额
月　　日				
月　　日				
月　　日				
月　　日				
月　　日				
月　　日				

4

无法离开的集体

生命里最重要的事

认清自由的边界

"我想要自由",这句话或许在你的心中回荡过无数次,如同面对未来的呐喊。你或许也曾和小伙伴们聚在一起,分享对自由的向往。然而,真正的自由究竟是什么呢?

孩子,你或许以为自由就是随心所欲、无拘无束。你或许以为长大后离开父母和校园,就能随意选择生活的方式,追求热爱的事物。到那时,就再也没有烦人的唠叨、繁杂的规矩了。

我想要自由!

这种理解显然是错的!拥有自由,首先要拥有对自我和世界的深刻理解。光靠逃避规则可拥有不了自由,你要勇敢地面对和适应规则,然后再追求梦想和目标。

如果你不懂得思考,也就不懂得自由。你要保持独立的判断,无论面对他人怎样的目光,都不能被偏见所误导,而是要始终追求真理和智慧。

获得自由,不能靠冲动,而是需要不断学习、成长和反思。

4 无法离开的集体

在一个阳光明媚的周末,李明和爸爸妈妈一起去公园放风筝。

公园里热闹非凡,各种各样的风筝在天空中飞舞,有威武的老鹰、可爱的蝴蝶、灵动的燕子……李明兴奋地拿着自己的彩色三角风筝,在爸爸的帮助下,很快就让风筝飞上了天。

看着风筝越飞越高,李明开心极了,他感觉风筝好自由呀,可以在广阔的天空中任意翱翔。可是,突然一阵大风刮来,风筝的线被吹断了。风筝没有了线的束缚,一开始飞得更高更远了,但没过多久,就摇摇晃晃地落了下来,挂在了一棵大树上。

李明看着挂在树上的风筝,非常难过。爸爸走过来,摸摸他的头说:"孩子,你看,风筝虽然在线的束缚下不能完全随心所欲地飞,但正是因为有了线,它才能飞得又高又稳。这就像自由一样,生活中没有绝对的自由,一定的规则就像风筝线,能让我们在安全的范围内享受自由。"

李明点点头,他明白了自由不是无限制的,只有在一定的规则内,才能真正地享受自由。就像他在学校要遵守纪律,在马路上要遵守交通规则,这样才能安全、快乐地生活。

生命里最重要的事

正如孔子所说"七十而从心所欲,不逾矩",每个人都要用一辈子的付出,来努力达到真正的自由境界。尽管你尚且年轻,但看清自由与边界的关系至关重要。

边界感如同隐形的线,将你与他人、集体分隔开来。边界感保护你的自由,也保护着他人。任何人只要学会尊重边界,就迈向了通往自由的第一步。越界即侵犯他人,世上怎会有如此的"自由"?

人际交往中,边界感是维系和谐关系的重要基石。每个人都有独立的空间,你不应随意打破边界,侵入其中,即便再亲密的好朋友之间也同样如此。集体生活里,你同样应该明确自己的义务和权利,不能将自己的想法强加给集体,更不能做出违背集体利益的行动。

先遵守边界,你才能获得一定的自由,活出真实的自己。

4 无法离开的集体

人生寄语

自由不是为所欲为,而是在认识世界之后,懂得如何遵循规律。自由也不仅是"我要",而是"我能""我该"的意志表达。

人生小贴士

1. 下一次,当你想要行动时,可以多给自己准备几个选项。比如,想想在剧烈运动后,除了立刻吃冰激凌外,还有什么替代方案,能让你快点凉快下来,并且身体不受损坏。

2. 犯错误、做坏事的"自由",无论大小,都不属于真正的自由,因为它们不可能被社会接受,也不可能在人类文明中延续。

动动手

判断下面的行为哪些属于真正的自由,在你认为正确的选项后面的括号里画"√"。

A. 我上数学课时小声唱歌。(　　)

B. 美术小组去野外写生,我选择画自己最喜欢的花朵。(　　)

C. 体育课上,我用和同学相反的动作做操。(　　)

D. 妈妈让我周六不要熬夜,但我就是不想听。(　　)

生命里最重要的事

行善举,但不要乱行

两千多年前,古人说"勿以善小而不为"。这句话的意思是,不要认为只是一件很小的好事,就不去做了。但你是否想过,什么样的行为算"善行"呢?有一颗美好的心,出于帮助别人的愿望,所做的事情就一定是善行吗?

善行并不等于简单的付出,它的价值在于对他人、集体、社会的关爱和尊重。

日常生活中,善行蕴藏在看似微不足道的小事中。为陌生人让路,在地铁上让座,这些举动能传递温暖的善意,不仅帮助了别人,也升华了自我。

更大的善行是对规则、法律和道德的维护,比如自觉帮助老师维护班级纪律,提醒长辈不要闯红灯、遵守旅游景点的排队秩序等。这些行为虽然只能影响社会的微小细节,但也可以塑造你的品格,让你变得更有责任感,更明辨是非。

4 无法离开的集体

一天,弟子冉求来找老师孔子。他禀报说,子华即将出使齐国,自己想帮子华的母亲向孔子申请些粮食作为补助。

孔子想了想回答说:"送给他母亲一釜米吧。"

一釜米相当于当时的六斗四升,约合数十斤米。冉求觉得太少了,便问孔子是否能再增加点。

孔子想了想,又说:"那就再加一庾米。"

一庾米相当于二斗四升,加上去也不多。冉求不再问了,他从老师那里告辞之后,自作主张,从自己家拿出八百斗粮食,送给了子华的母亲。

冉求觉得,自己照顾了老人,做了一件好事。后来,孔子听说了这件事,对冉求说:"子华出使齐国,坐的是健壮的马拉的车辆,穿的皮袍子又轻便又暖和。我听人说过,君子应该救济有紧急需要的穷人,而不是去给富裕的人再凭空增加财富。"

冉求是善良的,但他在做好事时有些冲动。他没有仔细调查子华的家庭情况,也没有听从老师的建议,就贸然将八百斗粮食赠给了一个富裕家庭,因此受到了孔子的批评。

生命里最重要的事

孩子，世界是复杂多变的，它的美好与丑恶并存，机遇与风险同在。有时，单凭个人的一腔热情、一份好心，未必能换来理想的结果，反而可能把事情变得更糟。

当你决定做好事时，不能冲动而为，而是要深思熟虑，多向老师和家长请教，充分考虑各种可能的结果。你不妨先冷静下来，想一想这件事可能带来的不同影响。对一些人来说这么做可能是好事，但对其他人来说未必如此。有时少数人眼中的好事，多数人并不一定认同。

此时，你该如何取舍、如何决定呢？这考验你的品行，更考验你的智慧。最好的办法就是站在不同的角度去预判，理解不同的人的感受，还要学着将眼光放长远，既要看现在，还要看将来。

只有经过成熟的思考，你的行动才经得起考验，你才能做出最恰当的行为。

4 无法离开的集体

人生寄语

判断行为的好坏,不能仅凭单一视角。你既要探询行为的动机,即"因",也要思考行为的价值,即"果"。

人生小贴士

1. 你可以用日记本将每天做的好事记录下来,并分别写出其原因和结果,然后在一段时间后总结,看看自己究竟哪些事情做对了,哪些地方还可以改进,哪些举动并没有发挥作用。

2. 做好事,应从身边的小事做起。你可以先为家人、班级、校园献出爱心,之后随着自己的能力逐渐增长,你或许还能帮助到更多人。

动动手

请对你认为的真正善行打"√"。

长期喂养小区的流浪猫,导致它们越来越多。(　　)

考试的时候把答案告诉后桌。(　　)

帮助奶奶做家务。(　　)

定期打扫房间卫生。(　　)

运动会上担任裁判助理,给好朋友偷偷提高成绩。(　　)

生命里最重要的事

当你错了，你该这样

谁都不喜欢犯错，但出错其实也很正常。你要学会面对错误，更要学会对此负责。

有时候，你不经意犯下的错误有可能出乎意料地严重，导致老师、家人或者朋友生气，而你却由于好面子不敢面对。其实，正确的做法永远是勇于承认错误。要知道，主动说一声"我错了"并不丢人，像鸵鸟那样将头埋在沙子里才丢人。

有时候，你在犯错后表现得满不在乎，这很容易使对方感到气愤。他们看重的可能并非对错，而是你是否意识到了自己的问题。因此，你要做的不是随随便便道个歉，而是先冷静下来，想清楚自己伤害了哪些人，该如何弥补自己的错误，这样你的道歉才会诚恳而有效。大多数人会被你这份诚恳所感动，问题也往往迎刃而解。

道歉能弥补犯错造成的关系裂痕，也能提升你的个人形象。人们会发现你是个有责任感的孩子，对你更加信任。

4 无法离开的集体

徐悲鸿是中国近现代美术大师。他早年留学法国，将中西画法融会贯通，开创了现实主义国画画风。

徐悲鸿尤其精于素描，对人物、动物的造型很注重写实。他成名之后经常举办画展，每次来参观画展的大都是社会名流，给出的评价也都是赞颂他技艺精湛的溢美之词，几乎没有人会批评他。

有一次，徐悲鸿在画展上介绍自己的新作品。这幅画作属于花鸟画，以禽类和植物为主题。徐悲鸿介绍了自己的创作过程，大家听完后纷纷夸赞。

突然，有个老人站出来，操着一口乡音说："先生，你这幅画画错了。"

听闻此言，在场者都将目光投向老人。只见老人穿着布衣，一副农民打扮。老人朗声说道："先生画的是麻鸭，麻鸭怎么会有这么长的尾巴？"

原来，这位老人成天和麻鸭打交道，深知其尾巴并没有这么长。这样画虽好看，但却不符合实际。徐悲鸿听后，立即诚心道歉，并决定取下这幅画作，重新修改后再展出。

徐悲鸿虽是大师，却能当众承认自己的错误并予以改正，这让他的名气更大了。

生命里最重要的事

即便不小心犯错,也可能伤害到别人,此时就应道歉。尽管你还是孩子,也要具备承认错误并且改正的勇气。这不仅事关他人,也是对自己负责。

现实生活中,犯错后逃避责任的孩子并不少见,他们在犯错被批评后,经常会找种种借口,从中获得暂时的心理安慰。可一旦养成了逃避的习惯,又怎么能获得他人的认可呢?

所以,你唯一的正确选择就是立即行动,通过自身努力弥补犯错造成的损失。改错时,你可以多想想之前为什么犯错,将来应如何避免。你还可以请教那些有经验的人,无论他们是同学、朋友,还是师长。一旦你找准了弥补的路径,也就能真正为所犯的错误负责。

4 无法离开的集体

人生寄语

一个人懂得如何做事固然重要，但懂得做错之后怎么改正也同样重要。即便你做对了 100 件事，但关键的事情做错后却不会弥补，也可能前功尽弃。

人生小贴士

1. 不要畏惧错误。在你犯错后，要鼓起直面问题的勇气，要敢于对自己说"我确实错了"。拥有这样的勇气，你才敢于面对他人，改正错误。

2. 当你决定改正错误时，首先要制订明确的目标，更重要的是始终专注于这个目标。千万别被其他人的评论干扰，请相信，改错的路上注定孤独，但终点的风景将无比美丽。

动动手

反思一下，最近一周你在哪些问题上犯过错误，你将如何改正？

日期	犯错内容	改正方式
月　　日		
月　　日		
月　　日		
月　　日		
月　　日		

> 生命里最重要的事

学会感恩与付出

你在一生中会遇到许多值得珍惜和回忆的人,有父母、亲人,也有同学、朋友、老师,将来还会有爱人、同事、领导。在不同的生命阶段里,他们给予你关爱或帮助,都是值得你感恩的人。

感恩,是对人际关系的珍惜。感恩家人,是因为他们给予你爱的港湾;感恩同学和老师,是因为他们陪伴你度过在学校的岁月;感恩职场上的同伴,是因为他们支持你面对职业挑战。

感恩并不只是数字计算后的精确回报,它更离不开你内心的态度。感恩不只是针对关系好的人,也要感谢那些能让你成长的人。你会从各种各样的事情里学到坚强和勇敢,懂得如何保持清醒和冷静的头脑,这都值得你怀着感恩的心态去体验和领悟。

爸爸妈妈,这是我对你们付出的回报,感谢你们一直鼓励我学习。

4 无法离开的集体

韩信年少时,家中十分贫寒。他虽然胸怀远大的志向,却无力维持自身生计。韩信常在河边钓鱼,希望用钓上来的鱼填饱肚子,但往往因为什么也钓不到而挨饿。

在韩信钓鱼的地方,有不少老婆婆在清洗衣物。其中有一位老婆婆十分同情韩信的遭遇,常常接济他,给他送吃的。这位老婆婆并不富裕,平日里只能勉强糊口,可她还是尽力帮助韩信。韩信心里特别感激她,就对老婆婆说,以后肯定会好好报答她的恩情。

然而,老婆婆听了韩信这番话,却显得不太高兴,明确表示自己只是好心接济他,根本没指望韩信将来报答自己。不过,韩信却把这份恩情牢牢地记在了心里。

后来,韩信被封为楚王,他回想起过去曾受到老婆婆的恩惠,就吩咐随从带着酒菜送给她,同时以千金相赠,以此来表达自己的感激之情。

生命里最重要的事

　　感恩就是把别人的善意记在心里,并且做出相应的回报,不管施恩的人是不是期待回报,受到恩情的人都应该怀揣着一颗感恩的心。

　　感恩不光体现在心意上,更体现在实际行动的付出上。一滴水只有放进大海才永远不会干涸,一个人只有将自己融入集体才最有力量。无论你融入怎样的集体,想到的都不能只有索取,更要有付出。

　　为集体付出,能让你的责任感更强,获得更多人的尊重。人们之所以需要集体,就是因为每个人都有各自的长处和短处,你只有先通过自己的长处为集体做出贡献,才能弥补自己的不足。如果你善于付出,你的能力就会不断增强。

　　学会付出,你才算真的懂得感恩。

4 无法离开的集体

人生寄语

长大的过程离不开家庭、班级和学校的呵护和培养。因此,你要学会奉献,懂得感恩。

想获得他人的肯定与支持,请用心付出。

人生小贴士

1. 如果一个人缺乏爱心,就很难持续为他人付出。同样,如果你从来不考虑为别人贡献力量,就会变得越来越没有爱心。

2. 时间不会抹杀你的付出,只会将之放大。因此,你不必过于看重短期回报。无论别人是否表示感谢,是否记得你的付出,你只需默默坚持,这样迟早会得到肯定。

动动手

想想自己有哪些知识或技能可以帮助所在的集体。

知识:

技能:

5

与情绪正确相处

生命里最重要的事

你会怕虫子吗?

你有什么害怕的东西吗？有人害怕虫子，有人害怕演讲。这些情绪有个共同的名字，叫作恐惧。

恐惧像是一头躲在你内心的小怪兽。平时它很安静，但一出现就让你心惊肉跳，仿佛在告诉你即将发生最坏的情况。

如果你害怕的是虫子，恐惧会说："天啊，它一定会扑到你脸上来！"

如果你害怕的是演讲，恐惧会说："看呀，你马上就会忘词，像傻瓜那样站在台上，听着台下的哄笑声！"

它的话影响到了你。你开始心跳加快、手脚发抖。随后，你可能会选择跑得离虫子远一点，或者找个借口退出演讲比赛。

于是，恐惧这头小怪兽很快就缩回了黑暗中，但它却并未消失。下一次，当你遇到同样的情形时，它还将如约而至。

你希望永远这样吗？

5 与情绪正确相处

　　季羡林是我国著名的语言学家、翻译家、学者。1934年，他从清华大学毕业。那时的中国动荡不安，百业萧条，青年学生找不到工作是很正常的事。

　　正在这个时候，季羡林的母校——山东省立济南高中的校长宋还吾联系到季羡林，邀请他回母校担任教员。面对如此宝贵的工作机会，季羡林却担心了起来。原来，季羡林要教授三个年级三个班的国文，但季羡林学的是西洋文学，而且在他的学生中，有些人的年龄比他还大，读过的国文书籍也比他多，因此季羡林忧心自己无法胜任教学工作，怕自己教不好会被人笑话，也会辜负恩师的期待。

　　在这样的恐惧中，季羡林左右为难。但他还是鼓起了勇气，战胜了恐惧的情绪，接受了这份教职。

　　就这样，季先生回到山东，第一次走上讲台，成为中学教员。后来，他在德国获得了博士学位，回国后担任北京大学东方语言学系教授、系主任，终身没有离开教坛。

生命里最重要的事

告诉你一个秘密：恐惧这头小怪兽不会只隐藏在你一个人的心里，它会出现在每个人的内心。在你眼中很厉害的大哥哥、大姐姐，也曾害怕考试、演讲；博学多识的老师，也会在比赛、公开课前紧张；你的爸爸妈妈，也可能害怕陌生的社交环境……每当遇到害怕的事情，大家心里都会收到恐惧小怪兽的"提醒"。

恐惧，是人类与生俱来的本能。在漫长的进化过程中，人类的祖先们面临着各种危险，他们需要不断训练这只小怪兽，让它保持警惕，这样当危险来临的时候，恐惧就能提醒人们逃生。没有恐惧，也就没有今天的人类文明了。

当恐惧来临时，你要学会正视它、安抚它。你可以对自己说"这很正常，我可以适应"。随后，你再深呼吸，尝试转移注意力，慢慢让自己不受其影响。

5 与情绪正确相处

每个人最恐惧的事物,往往是恐惧本身。当你开始正视它时,这种负面情绪就会逐渐消退。

1. 应对恐惧的最好方法是先有接受它的勇气。人人都会产生恐惧,你越想逃避,它可能会越强烈。

2. 很多恐惧来自陌生感。如果你的恐惧和学习、成长有关,那么在平时加强练习,不断积累经验,就能很好地缓解负面情绪。

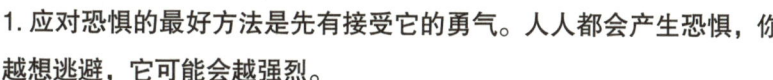

列出自己最害怕的事物,描述面对它们时的内心感受。

你最害怕的事物	面对时的内心感受

生命里最重要的事

远离忧郁，做阳光少年

古人说"少年不识愁滋味"，可是，谁能说少年没有烦恼呢？从校园生活到学业考试，从家庭关系到人际交往，让你烦心的事儿似乎并不少。

当你学习退步、和朋友吵架、不被家人理解时，很可能会产生一些负面的想法，觉得"这真没意思""大家都不喜欢我"。除了心情不佳，你可能还或多或少在言语、行动上表露出反常。例如，动辄唉声叹气，经常抱怨，对任何事情都提不起精神……

其实，你没有必要让自己背负精神上的负担，更不应该将自己的不愉快传递给他人。即使陷入怀疑、担忧、沮丧、焦虑等情绪，你也无须感到紧张。就像每个人都会感冒，同样地，每个人也都会遭遇负面情绪。碰到负面情绪很正常，就像情绪感冒了，你需要照顾好它。

5 与情绪正确相处

1941年12月，叶慈太太居住在夏威夷。一年多以前，医生诊断她患上了心脏病，叶慈太太从此变得郁郁寡欢，每天都不想起床，唯一的运动就是从卧室到花园去做日光浴，甚至这短短的路程还要靠佣人搀扶。

12月7日，日军偷袭夏威夷。炸弹爆炸的威力将叶慈太太从床上震落。很快，红十字会打电话过来，询问她家有没有房间可以收容军属。过了一会儿，他们又请叶慈太太帮忙记录资料。

紧张的局势让叶慈太太忽略了自己的身体状况。她开始不断接听电话，记录每位军属被安顿到哪里。随后，也有军官和士兵打电话给她，询问家人的去向。除此之外，她还需要安慰大量伤亡者的家人。

一开始，叶慈太太还回到床上接打电话。不久她坐了起来，最后，她越来越忙，完全忘记了曾经的虚弱和忧郁，在紧张的战争氛围下，她迫切地想要为祖国做一些贡献。此后，除了正常睡眠，她再也没有上床休息，更没有陷入忧郁情绪的泥潭。

叶慈太太发现，更多地关注别人，拥有生活目标，负面情绪就会立刻消散。

生命里最重要的事

摆脱忧郁，要找准方法。

多参加一些户外活动，如野餐、徒步、露营等，感受大自然的美好，有助于改善心情。你不必总想着未来会有什么困难，而是应该尽可能地多想想现在能做什么。

你要养成习惯，在每天晚上入睡前告诉自己："今天结束了，明天将是崭新的一天。"新的希望能令你振作精神，情绪的阴霾也可能随之一扫而空。

除了完成日常学业之外，你还要培养自己的爱好和兴趣。通过发掘那些有趣的事情，你会遇见崭新的自己，看见自己闪光的一面。

走出情绪沼泽，你将更加快乐，更加优秀，也更加受人喜爱！

5 与情绪正确相处

人生寄语

无论焦虑还是忧郁,本质都是你面对不确定性时滋生的恐惧。但人生就是由无数不确定构成的,与其想要改变或逃避,不如大胆拥抱这样充满冒险的人生吧!

人生小贴士

1. 问问自己,这件事可能会发生的最坏的结果是什么呢?当你意识到最坏的结果"不过如此"时,内心的忧郁和焦虑也会减轻,会更有动力为避免最坏的结果发生而努力。

2. 每天起床洗漱时,对着镜子微笑,给自己打气:"加油,没什么大不了的!"这样的肢体行动,能产生积极的心理暗示,对提升情绪能量很有效。

动动手

写下至少三种能有效帮助你减少忧郁、焦虑情绪的方法。

生命里最重要的事

如何面对心底的小火苗

想想看，当你愤怒时，会表现出什么样子呢？你可能会气得满脸通红、大声叫嚷，也可能大哭大闹，甚至把自己关在房间，不跟任何人说话。

当愤怒来临时，心头的小火苗会越烧越旺。如果你不加以克制，就难以顾及形象，很可能会立即发泄怒火。然而，等事情过去后，你又可能暗自后悔。你会觉得，"如果我不那么生气就好了，如果我找到其他办法解决问题就好了"。

而且，怒火一旦发泄出来，不仅伤害自己，更会伤害到他人。无论事后怎样道歉，都很难解开别人的心结。

那么，面对心头的小火苗，我们应该怎么做，才能避免它演变成喷发的火山呢？

不妨看看下面的故事吧。

5 与情绪正确相处

有位将军的脾气很大。有一天,他向总统抱怨说,有人正在到处说自己的坏话。

总统建议他立即写一封信,狠狠地回击那个家伙。

将军觉得这是个好办法,于是立刻写完了信,气呼呼地拿给总统看。

总统看得很投入,说:"好啊好啊,这样就能好好地教训他一顿了。你写得真好!"

将军把信叠好,装进信封,正准备寄出去时,总统却阻止了他,问道:"你打算做什么?"

将军纳闷地说:"信不是要寄出去的吗?"

总统说:"别闹了。这封信可不能发出去,你赶紧把它扔到炉子里吧。"看到将军不理解的神色,总统又解释说:"每当我生气时,我都会这么做。通常写完信,愤怒的情绪就会消失一大半了。既然如此,还是请你烧掉它吧。"

将军觉得自己的情绪果然平复了许多,不由得佩服起总统来。

这位总统认为,人总会有感到愤怒的时候。无论是将它憋在心里,还是任意发泄,都不是上策。他控制心头小火苗的办法就是"写信"。信写完了,自己的心情也能平静一些。这时再重新审视事情的来龙去脉,就有可能转变看法。

生命里最重要的事

孩子，你如果肆意发怒，完全不顾及周围人的想法，自然会招来别人的负面评价。他们会感觉和你在一起不安全，于是会尽量远离你。这肯定是你不愿看见的结果。

但是，一味压制心里的小火苗，也会让你憋得难受。你会感到委屈，变得过分谨小慎微。

相比上面两条路，你还有第三条路走，那就是看懂小火苗。

很多时候，人们都为别人的错误而愤怒。但事实上，愤怒的根源在于自己对事情的看法。

比如，你在餐厅吃饭，大人点的菜都来了，只有你的套餐没来。你可能认为，自己年纪小，被忽视了。但你也可以认为，你点的菜供不应求。你选择前一种看法，心头的小火苗就会越烧越旺；你选择后一种看法，甚至还会扬扬得意。

改变看法，你就能管理好愤怒的情绪，更能管理好自身的言行。

5 与情绪正确相处

人生寄语

无论是压制心中的小火苗,还是任其越烧越旺,都不利于减轻愤怒,甚至还会损害你的健康。能浇灭小火苗的,唯有你的理性。

**人生小贴士**

1. 当你遭遇令人愤怒的事情时,可以想象这是在现场直播。所有人正透过摄像机看自己,你的一举一动都将暴露在全世界面前。此时,你就不会完全被情绪左右。

2. 同一件事,有人觉得生气,也有人并不介意。两种不同的态度,来自每个人看法上的差异。

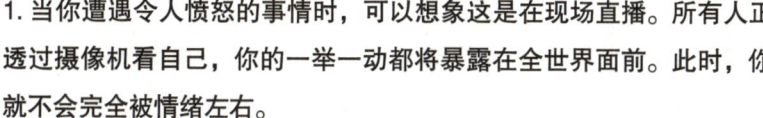**动动手**

记录你之前发怒的情形,并反思自己有没有其他选择。

我发怒的原因和表现:　　　　　　我的其他选择:
_____　　_____

我发怒的原因和表现:　　　　　　我的其他选择:
_____　　_____

我发怒的原因和表现:　　　　　　我的其他选择:
_____　　_____

我发怒的原因和表现:　　　　　　我的其他选择:
_____　　_____

我发怒的原因和表现:　　　　　　我的其他选择:
_____　　_____

6

健康就是财富

生命里最重要的事

享受美食

美食,可是人人都离不了的东西。

世界上有人专门研究美食,成了美食主播、美食家,也有人只要有假期,就会到处旅行,只是为了寻找美食。

欣赏和品尝美食,是人类的本能。很久很久以前,原始人不断探索能吃的食物种类,还利用火来加热食物,在一定程度上推动了人类文明的发展。后来,不同国家的人们又将自己的历史、传统、风俗融入食物制作中,形成了自身独特的饮食文化。例如,朝鲜的泡菜、法国的牛排、英国的烤鱼、俄国的鱼子酱、意大利的比萨、日本的寿司,等等,都极具特色。

当然啦,说到美食,我们作为中国人更是非常自豪的。中华美食既有历史悠久的八大菜系,也有不断创新的融合菜,更有遍布各个城市街头的特色小吃。如果你将来有机会走遍中国,也一定要多发现和比较,寻找属于自己的美食乐趣哦!

6 健康就是财富

宋朝鼎鼎大名的苏轼，诗词、书画、文章无所不精，在政坛上也很有影响力。除此以外，他还是一个美食家，曾写过"自笑平生为口忙"的诗句。

他曾写过《猪肉颂》，介绍如何烹饪黄州的猪肉，后来以他名字命名的"东坡肉"一直流传至今。离开黄州后，他在常州、江阴生活过一段时间，并写下"蒌蒿满地芦芽短，正是河豚欲上时"的诗句。

数年后，苏轼被贬职到广东惠州。那时，那里还是荒蛮之地，但苏轼不在乎，那里的水果成了他新的心头好，他还写下"日啖荔枝三百颗，不辞长作岭南人"，以此称赞荔枝的美味。

后来，苏轼被放逐到海南，他欣喜地发现，原来海洋里的美食比陆地上的多得多。在这里，他尝到了鲜美的生蚝，还特地给在京城的儿子写信说，千万不要让朝里的那些士大夫知道有这样的美味，他们知道了就会跑来抢着吃。

苏轼并不只是爱吃，他还懂吃。他喜欢保持原汁原味、配料简单的食物，认为吃这种食物才能延年益寿。他还反对吃得太饱，认为这样才能避免沾染各类慢性疾病。

生命里最重要的事

美食让人快乐,但人不能只顾满足口腹之欲,还要顾及自己的身体健康。

各类食物的营养特性不同,大都对身体健康有好处,但前提是不能吃得太多。比如,甜品虽好,但吃多了不但会导致身材走样,心脑血管的负担也会随之加重,长期危害你的身体健康。与此类似,盐、蛋白质、脂肪摄入过量,同样会带来负面影响。

面对美食,你要懂得节制,也要懂得均衡。

水果和蔬菜富含丰富的维生素、膳食纤维和矿物质,能保持肠道健康,减轻肠胃负担,满足身体对多种营养元素的需求,提高我们的免疫力。此外,你每天也应适量摄入肉类、鱼类和豆类等,补充脂肪和蛋白质等营养物质,帮助身体生长。

6 健康就是财富

 食物是大自然馈赠给人类的礼物。人生在世，享受美食是很重要，但拥有健康的身体更重要。

1. 尽量少吃零食，更不要在吃正餐前吃零食。零食中含有较多的添加剂、防腐剂等物质，不但不利于健康，而且容易增加饱腹感，让我们在吃正餐时没有食欲。

2. 或许你以前不爱吃某种食物，但可以请父母改变一下烹饪的方式，然后再次尝试。学会适应不同的口味，可以避免养成挑食或浪费的坏习惯。

动动手

写出你最喜欢的食物，再了解它的主要营养成分。

我最喜欢的蔬菜： 　　　　　　　主要营养成分：

我最喜欢的水果： 　　　　　　　主要营养成分：

我最喜欢的肉类： 　　　　　　　主要营养成分：

我最喜欢的海鲜： 　　　　　　　主要营养成分：

生命里最重要的事

多锻炼,让身体更健康

生命离不开运动。良好的运动习惯,能让你一生都保持健康的体魄、完美的身材和开朗的性格。

今天的青少年面对着较重的学业负担,有时可能忽视身体素质的培养,导致出现抵抗力不足、免疫力差等问题。如果你有这种情况,该怎么办呢?答案很简单:去运动吧!

运动和不运动,结果大不一样。

经常运动的人,耐力更强,呼吸系统更加发达,肌肉更加坚韧有力,免疫系统更加强大,连大脑皮质的神经细胞也更加活跃。相反,不爱运动的人,除了学习和工作,总是喜欢懒洋洋地躺在家里,连阳光都很少见。久而久之,身体就会发出"警报"。

从现在开始,你要重视体育运动,形成良好的习惯。这不仅能减少疾病,还能帮助你提高学习成绩呢!

6 健康就是财富

袁隆平爷爷是"共和国勋章"获得者,是鼎鼎大名的"杂交水稻之父",为我国和世界的粮食生产做出了巨大贡献。但你可能不知道,他一辈子都很热爱游泳。

袁隆平读中学时,就很喜欢游泳。1947年,湖北省举办全省运动会,学校挑选了十几名男生参加游泳比赛,但袁隆平却因为"个子小"这个理由而落选。他不服气,就偷偷跟着参赛的同学混进了赛场,老师无奈之下,只得同意他参赛。但大家没想到,袁隆平以优异的成绩通过了预赛,还在省运会上拿了两块银牌。

1952年,上大学的袁隆平报考了空军,准备参加抗美援朝。全校超过800名学生报名,在严格考核之后,只有8个人的身体素质符合条件,袁隆平也名列其中。只不过,由于国家更需要大学生参加国内的经济建设,袁隆平才没有奔赴前线。

后来,袁隆平虽然走上了科研道路,但还是放不下游泳的爱好。直到老年,他还经常在海南三亚下海畅游。

袁隆平一生热爱运动,才拥有了强健的身体,这也成为他努力完成科研工作的基础之一。

生命里最重要的事

热爱运动,并非要成为职业运动员,而是将运动变成自然而然的日常行为。

每天早晨起床,你可以进行简单的拉伸运动,唤醒你小小的身体,让它充满活力。

晚上放学后,不要立即奔向书桌,可以在家附近散散步,让疲惫了一天的大脑得到放松。

周末,你可以参加学校或者社区的体育活动社团,在那里和兴趣相投的小伙伴一起玩球,或者进行其他体育活动。这样,你的休息日不但会变得更有意义和价值,也能交到新的朋友。

另外,运动项目的种类丰富,你应该选择最适合自己的运动,不必一味模仿他人,更要注意运动的适度性和安全性。

6 健康就是财富

人生寄语

健康来源于运动。你的品德、长相、成绩、事业、财富，都是生命中无数的"0"，唯有健康才是"1"。有了坚实的"1"，那些"0"才有意义。运动能帮助你写好"1"，收获精彩的人生。

人生小贴士

1. 你可以结合自身身体特点选择运动。例如，打篮球时经常需要用到跳跃等动作，能锻炼下肢，在一定条件下帮助身体长高，如果你希望长得更高，不妨选择这项运动。

2. 在开展任何剧烈运动之前，进行恰当的热身与拉伸是极为重要的。热身能够帮助我们的肌肉和关节为运动做好准备，降低拉伤和扭伤的概率。拉伸则有助于我们增强灵活性，提升运动表现。

动动手

记录你一周的运动。（也可更换运动项目）

运动项目	日期							备注
	周一	周二	周三	周四	周五	周六	周日	
跑步								
骑单车								
做健身操								
打球								

7

避开人生的风险

生命里最重要的事

强化安全意识

　　安全意识,是每个人在社会上稳定发展的基石。无论你身处何种环境,在做什么事情,生命安全始终是最为重要的。你要积极培养自己的安全意识,形成防患于未然的思维模式。

　　关注安全,可以从自己家里开始。你要学着关心家里的安全,定期提醒家长关闭不必要的家用电器,及时关闭燃气,避免火灾。你还要在大人的指导下,学会操作工具,避免由于操作不熟练而造成伤害。

7 避开人生的风险

班固撰写的《汉书·霍光传》里有这样一则故事:

一天,有位客人前往一户人家拜访,见主人家的烟囱是笔直的,而且炉灶的旁边还堆积着柴薪,于是对主人讲道:"你家灶上的烟囱是直的,灶的旁边又堆放了很多木柴,这可不行……"

主人一听不高兴了,说:"你说不行是什么意思?"

客人说:"你要把烟囱改成弯曲的形状,再把木柴全部移走。不然将来可能发生火灾。"

主人听完更不高兴了,脸一沉,什么也没说。

不久之后,这栋房子突然失火。邻居们有的提水桶,有的抱水盆,纷纷赶来帮忙灭火。在大家的努力下,火终于扑灭了,但主人家的损失也不小。当他打扫房子的时候,发现起火点果然就在厨房的灶台旁。

为了感谢帮忙的邻居们,主人想要办一次宴会。经人提醒,那位建议主人改烟囱并把木柴移走的人被恭恭敬敬地请来,坐在首席。

成语"曲突徙薪"的故事,说明了提升日常安全防范意识的重要性。

生命里最重要的事

当你还是学生时,要重视校园安全问题。课间休息时,要避免在走廊和楼梯间打闹。参与体育活动时,先仔细听老师介绍规则和方法后再活动,如果有防护装备,要及时正确佩戴。

校园安全并不总和运动有关,化学、生物实验同样隐藏着危险。在课堂上,你要按照课本提示的步骤去操作,不能肆意而为,更不能为了省事而改变操作流程。一旦出现问题,影响的将不只是你的学习成绩,还有你的安全和健康。

当你走上社会时,安全意识更是不可或缺。你应认真学习所在场所的安全规章制度,掌握对工作设备的正确使用方法,始终遵循应有的流程。当你成为团队负责人后,还要提醒员工注意潜在的安全隐患,提高他们的防范意识,让每个人把安全意识放在首位。

7 避开人生的风险

人生寄语

拥有安全意识的人生,才是完整而幸福的。人的一生中不可能毫无意外,但强烈的安全意识,能将意外发生的概率降到最低,尽可能减少伤害。

人生小贴士

1. 尽量避免独自去下面的地方:安静人少的教室或宿舍,狭窄、昏暗的小巷或地下通道,无人管理的高楼,夜晚的娱乐场所,陌生人的车里。

2. 无论你去哪里,都要注意遵守规则。乘坐电梯时,要保持安静,不打闹、不乱触碰按键。

动动手

判断下列做法的对错。

你放学后留下来大扫除,结束后没有检查是否关闭教室电源就回家了。(　　)

在购买食品时,你总是会看一眼生产日期和保质期。(　　)

去游乐园玩时,工作人员给你装好安全卡扣,你就不再检查了。(　　)

在自动扶梯上,你蹲下来休息。(　　)

生命里最重要的事

遭遇危险，你该这样做

也许，你比其他孩子更勇敢、更聪明，你也以变得更独立、更有担当为目标。但如果遭遇从未见过的意外，你很可能无法靠自己解决。此时，你应该及时求助于他人。

向他人求助，并不是软弱无能，而是机智灵活的表现。而且，越是遭遇突如其来的意外，你越是要冷静果断，第一时间发出求助信号。反之，如果你胡乱行动，事情只会变得越来越糟糕。

打个比方，你和同学正在实验室里，为一次科学比赛做准备。突然，有个小伙伴不小心碰翻了酒精灯，火势迅速蔓延。此时，你除了按老师事先教导的步骤处理外，还应第一时间向老师报告，请求他们的帮助。一旦犹豫迟疑，你和小伙伴就可能处于危险之中。

及时找到求助对象，是应对意外的关键之一。

别慌，快报告老师！

7 避开人生的风险

唐代大文学家柳宗元曾记述过这样一个故事：

郴州有个孩子，名叫区寄。有一天，他在山上遇到了两个强盗。他们凶神恶煞，手持快刀，将区寄反绑起来，再用破布堵住他的嘴，打算将他带到四十里外的集镇上卖掉。

一路上，区寄装出很害怕的样子，哭哭啼啼，浑身哆嗦。强盗看得哈哈大笑，同时也放下了对区寄的戒心。走到距集镇十几里的地方，强盗停下来歇脚。他们坐在大树下面，拿出了包袱里的酒肉。

强盗们高兴地对饮，区寄则装作吓得缩成一团，不敢出声。不多会儿，两个强盗喝得醉醺醺的，开始胡言乱语，幻想着这趟能赚多少不义之财。

酒喝完了，一个强盗去找买主，另一个强盗看守着区寄。只见他将刀插在地上，很快打起了瞌睡。

区寄听见强盗发出了鼾声，知道他睡着了，便慢慢站起来，轻轻走到刀旁，背对着刀，将反绑自己的绳子对着刀口上上下下磨起来。不一会儿，绳子就断了……

区寄凭借镇定、勇敢和智慧，终于成功逃脱，躲过了一劫。

生命里最重要的事

区寄的机智、勇敢值得我们钦佩，那么，当我们在生活中遇到类似危险的时候，应该怎么做呢？

记住，你还只是孩子，力量是有限的，因此最好尽量避免和坏人直接对抗。你可以发出警告，说明自己并不只是一个人，爸爸妈妈就在附近，马上会过来。如果坏人还想有进一步的行动，你就向周围的人大声呼救，引起大家的注意，从而吓退坏人。

当然，事情并不总是这样简单。如果周围没有可靠的人，你就需要靠自己摆脱困境了。你要保持冷静，及时向人多的地方转移，比如附近的大商场、社区服务站或者警务站等。到了那里，就会有保安、热心群众、民警来帮助你，坏人也会因为害怕而溜之大吉。

万一你不幸被坏人抓住，也要尽量冷静下来，不要激怒他们，想办法拖延时间。等他们放松警惕，再找机会逃跑。

7 避开人生的风险

人生寄语

人的生命只有一次，无论什么情况下，生命安全都是最重要的。因此我们要保持警惕，机智应对各种突发状况，保护好自己。

人生小贴士

1. 记住父母的电话号码，除此之外，还应该多记几个亲友、老师的联系方式。

2. 尽量不要单独在陌生地点行动，如果是出门研学、旅行，可以随身携带口哨、电筒等物品，危险情况下可以发出尖锐的鸣叫或强光，引起周围人的注意，对犯罪分子形成震慑。

动动手

从下面的做法中，选出正确的那个。

你在放学路上，发现一户人家起火了，有小朋友被困在里面。你应该（　　）

A.大声呼救并拨打119报警。

B.放下书包，先冲进去救人再说。

生命里最重要的事

明白拒绝，建立边界

　　人总是处于集体中，没有人愿意形单影只。无论在当下还是未来，你都会经常面临别人的请求。那么，你是否就应做个"老好人"，无条件地答应别人的所有请求呢？

　　答案是否定的。

　　人与人之间的交往应该存在边界。如果你不懂建立边界，不明白如何拒绝，就会逐渐失去对人生的控制。

7 避开人生的风险

费孝通是我国著名的社会学家,杨绛是我国知名的作家、文学翻译家。1923年,费孝通上中学时认识了杨绛,两人成了很好的朋友。

时光飞逝,杨绛后来考上了东吴大学,费孝通也在这所学校读书。两人年纪相仿,同样优秀。费孝通对杨绛产生了好感,想要追求她。但杨绛却向往着去清华大学继续深造,并不理会费孝通。

1935年,杨绛和钱锺书结婚。费孝通也有了自己的家庭。在杨绛和钱锺书确立恋爱关系后,费孝通曾询问杨绛,两人是否还能做朋友。杨绛表示他们可以做普通朋友,但关系不能再近一步了。此后,两人始终保持普通朋友的关系。

1998年,钱锺书去世了。杨绛孤身一人整理丈夫的著作,这或许是她晚年最大的寄托。此时,费孝通也是单身,他时常去看望杨绛,两人探讨学术,回忆往事。渐渐地,杨绛明白了他的心思。

有一次,费孝通告辞时,杨绛送他下楼,说:"楼梯难走,你莫要知难而上。"

这句话点醒了费孝通。他就像当年的少年一样,笑着点了点头,再也没有打扰杨绛。

生命里最重要的事

孩子，无论是你无法做到的事、违反原则的事，还是你不认同、不喜欢的事，又或是你拿不定主意、难以判断的事，只要不属于你的责任和义务，你就可以明确拒绝，或者仅提供你能给予的帮助。

无论提出请求的人是同学、好友还是邻居，你都有拒绝的权利。

拒绝不是对别人的无情，而是对自己的保护，每个人都要先建立与外界的边界，才能避开不必要的风险。

当你拒绝他人后，可能会面对一些你不想看到的后果。例如，有些人会对你的拒绝感到失望，口出怨言，甚至误解、怨恨你。但请你千万要记住，这些是他们的问题，并不是你的错。你只是在坚守你应有的立场。

当你成为大人后，你更要懂得权衡利弊，用必要的拒绝，构建出属于你的安全地带。

7 避开人生的风险

人生寄语

鲁迅先生说过"浪费别人的时间等于谋财害命",所以你也要小心因为不懂拒绝,而被别人浪费自己的时间。因为时间被白白浪费也是人生的一大风险。

人生小贴士

1. 通常,别人在向你提出要求时,也会预想到你有拒绝的可能。因此,你无须为拒绝他人感到羞愧。

2. 当你想拒绝陌生人时,记得要简单、直接而礼貌地表达。如果对方是朋友、同学、同事,拒绝时的表达方式可以更委婉些。

动动手

判断下列做法的对错。

有人突然打电话推销产品,你想挂电话,但觉得这不礼貌。(　　)

考试前,同桌说"给我抄两道题",你没说话。(　　)

有位同学经常私下询问你父母的财务状况。(　　)

与关系亲密的朋友在一起,就可以随便嘲笑、挖苦对方。(　　)

8

拥抱积极向上的人生

生命里最重要的事

让梦想指引未来的方向

孩子，一个人的价值不在于锦衣玉食、豪车别墅，也不在于功成名就、鲜花掌声，而在于内心的梦想。

你可能想成为天文学家，探索未知的宇宙；你也可能想成为绘画艺术家，用彩笔描绘美丽的世界；你或许还想成为医生，用精湛的医术拯救无数的生命。

当然，你的梦想也可以是这样的：你想成为厨师，做出让邻居们垂涎欲滴的菜品；你想当花店的主人，让来来往往的人都分享甜美的香气；你想成为幼儿园老师，每天与可爱的孩子们一起唱歌、跳舞、做游戏……

人的梦想并无大小之分，也无高低之别。但无论梦想是什么，都值得你努力奋斗，然后让梦想为你的灵魂注入源源不断的力量。尤其在你这样的年纪，梦想更是能为你照亮前行的道路，点燃生活的热情，帮助你消灭眼前的困难，跨越未来的险阻。

8 拥抱积极向上的人生

一个多世纪以前，南京城里有位普通的小学生，住在秦淮河边。每年端午节，秦淮河上都会举行龙舟比赛。每逢那个时候，赛场上锣鼓喧天，岸上欢声雷动，孩子们也都会相约着去岸边观看比赛。

有一年端午节，这位小学生病倒了，大家都去看龙舟，只有他孤孤单单地躺在家里，盼望伙伴们早点回来，分享精彩见闻。

可是直到傍晚，几个小伙伴才惊魂未定地跑回来，连喘好几口大气后丢下一句话："出事了！"

原来，秦淮河上的桥垮了，许多人落水遇难。听到这个不幸的消息，小学生难过得流下了眼泪。他想："我长大之后，一定要造出永远不会垮塌的桥！"

从此以后，他时刻记着这个梦想，在课堂上认真学习知识，课下搜集所有和桥有关的资料。经过长期的努力，他终于实现了自己的理想，为新中国建造了一座又一座既美观又安全的桥梁。他，就是著名的桥梁专家茅以升爷爷。

听到这个故事，你会怎么想呢？或许，并非所有的梦想都能实现，但它能让每一个当下都变得更有意义，直到让你的整个人生彰显其价值。

生命里最重要的事

梦想就像一条长长的阶梯，它的一头是你的此刻，另一头是你的未来。拥有了梦想，你就拥有了将此刻和未来连接起来的可能。无论此刻的你有多普通，都会因为这种连接而触碰到不一样的未来。

梦想不是灵魂的空洞装饰品，而是由心血和汗水铸就的奖杯。无论你如何成长，请记住，千万不要让自己停留在梦想的起点。只有不断付出，你才能将梦想变为现实，让人生更加充实、更加精彩。

当然，你也要学会接受和面对现实。梦想固然是美好的，但实现起来可能困难重重。当梦想与现实产生冲突时，你千万不要逃避，而是要学着积极调整心态，找到梦想和现实的平衡之道。

8 拥抱积极向上的人生

人生寄语

孩子,你要像拼拼图那样将梦想的蓝图搭建完整,让它熠熠生辉。愿你的梦想如星辰般璀璨,如海洋般广阔;愿你在追梦的路上勇敢前行,收获满满的幸福与成就;愿你从此心中有梦想,人生有精彩。

人生小贴士

1. 每天早晨起床,对着镜子大声说出你的梦想,然后为自己振臂加油!
2. 不要害羞,将梦想写在纸条上,贴在写字桌前吧!它能让你每天精神百倍地面对困难。

动动手

写出你最想实现的三个愿望,和爸爸妈妈或者好友说说原因。

_____

_____

_____

_____

_____

生命里最重要的事

战胜懒惰的劣根性

勤奋的人会有不同的兴趣点，有人热爱学习科研，有人喜欢体育运动，也有人热衷于工作挣钱。懒惰的人却千人一面，他们的注意力从来都不会集中，无论什么时候，都表现得散漫、漠然和低效。与勤奋者相比，懒惰者往往更难取得成功，也更难收获幸福。

懒惰者最缺乏主动性。无论他们做什么，只要稍微碰到困难或麻烦，就会退缩。他们会不停地抱怨，未达目的就轻易放弃。

懒惰者最喜欢为自己寻找借口，并将那些真正埋头努力、主动进取的人看成傻瓜。其实，如果他们能静下心来，全力投入到任何一件事中，都会取得比现在更大的成就，收获更幸福的生活。

8 拥抱积极向上的人生

千百年来，我们的祖先始终与懒惰斗争，才成就了光辉灿烂的中华文明。

春秋时期，孔子收宰予为弟子。宰予能言善辩，还曾追随孔子周游列国。但他比较懒惰，大白天既不劳作，也不学习，而是关上门睡觉。孔子看见后说"朽木不可雕也"，表达了对宰予的批评。

相比宰予，历史上也有许多勤奋努力的名人。

东晋时代大书法家王羲之，每日挥毫泼墨，勤勉不辍。他在临川当官时，有空便在家门前的水池边练字，并用池水清洗笔砚。久而久之，整池的水都被墨汁染黑，成了著名的"洗墨池"。他通过日复一日、年复一年的刻苦练习，在书法上取得了极高的造诣。他的作品《兰亭集序》被誉为"天下第一行书"。唐代诗人白居易自幼聪慧，却每日勤学不辍，甚至到了口舌生疮、手肘成胝的地步。这些事例无不表明，成功并非偶然，勤奋是通往成功的必经之路。

到了近现代，钱学森、邓稼先、华罗庚等著名科学家，在各自领域取得了举世瞩目的成就，为祖国做出了重要贡献。他们一生都与勤奋为伴，用自己的实际行动诠释了成功的真谛。

生命里最重要的事

想要战胜懒惰这个劣根性,并非一朝一夕之功,而是需要坚持不懈的努力。

改变懒惰的习惯,要从认识自我开始,然后逐步尝试设定目标、排除干扰等方法。

认识自我,需要你正视自身的缺点,再根据具体情况进行分析。例如,你可以记录自己完成一项作业时,要比别人慢多久,其主要原因是什么。再通过对比、反省的方式,归纳问题根源,确定改进措施。

设定目标,需要你明确自己想要达成的目的。目标应该具体,比如,"我希望这周能做完4张数学试卷",这样才能将其分解为小任务,并结合自己的特点来规划步骤和时间。

目标设定好后需要认真执行计划,养成好习惯,例如每天做半张数学试卷等。让行为规律化,就能在不知不觉中改掉坏习惯。

此外,在具体执行时,要学会提前排除干扰。例如学习之前要收拾好桌面,将所有和学习无关的东西"藏"起来。

8 拥抱积极向上的人生

人生寄语

想要在人生中获得持久而稳定的幸福,既要有强烈的愿望、适当的环境,更要有顽强的意志和坚韧的毅力。

人生小贴士

1. 永远不要将"我做不到""我不会"等口头禅挂在嘴边,如果你没有突破自我的习惯,就很难在人生的不同阶段取得实质性的进步。

2. 要始终集中自己的注意力。无论现在还是将来,要尽量带着明确的目的去主动学习,不要被泛滥的碎片化信息"偷走"注意力。

动动手

参考下表,围绕学习目标,制订并填写周计划表。

本周学习目标		
科目	内容	完成情况(填"是"或"否")
英语	背诵60个单词	
数学	完成练习册10页	
思政	复习,画出提纲框架	
历史	复习,画出年代大事件思维导图	
语文	撰写一篇关于"城市记忆寻访"的作文	

生命里最重要的事

激活创新能量

你知道吗？创造力不足的民族，难以屹立于世界。创造力不足的人，无法拥有持续幸福的人生。

现代社会的知识体系在不断更新迭代，对人才的创新要求越来越高。只靠一两次考试、一两张学历证明，已经无法体现你的价值。你必须学会终生成长、不断探索，而这些离不开科学、高效、理性的创新思维。

你要勤于思考，始终保持好奇心，主动了解和学习新知识。在完成老师布置的学习任务后，你还可以品味思考的乐趣，去发现更难的问题，探索未知的世界。

你要勇敢积极，在遇到困难时，不要总想着依赖别人，也不要盲目迷信权威。你可以发挥自己的优势，找出初步的解决办法，再将之和其他办法进行比较，从中找到最好的方案。

8 拥抱积极向上的人生

1921年,地中海的一艘客轮上,有位名叫拉曼的印度学者正在甲板上,用仪器观测海面。

早在十几年前,著名的物理学家瑞利提出,海水并不是蓝色的,人们看到的蓝色,只是反射天空的颜色而已,这个观点很快被学术界接受。

但拉曼对这个结论抱有怀疑。经过不断地观测,他发现:即便是同一地域的海水颜色,其变化规律也并非和天空保持一致。虽然有时候是晴天,有时候是阴天,但海水却经常都是同样的蓝色。那么,海水真的是在反射天空吗?

这次旅程的观测,让拉曼的怀疑变得更加强烈。此后,他开始独立研究关于海水颜色的问题。他采用特殊的棱镜观察海面反射的光线。此时,所有外界的反射光都被过滤了,理应呈现海水本来的颜色。结果,海水的颜色却变得更蓝了。

拉曼由此认为,海水的蓝色并不是因为反射天空的颜色才呈现出来的,而是海水本身的属性。他从这个现象出发,发现了"拉曼效应"。1930年,拉曼成为亚洲历史上第一个获得诺贝尔物理学奖的科学家。

正是在好奇心的驱使下,拉曼不断地进行深入思考和探索,最终发挥出宝贵的创造力。

生命里最重要的事

今天,你的生活离不开父母,学习离不开老师,但终有一天你会长大,成为需要对自己、对他人负责的成年人。那时,你必须借助独立思考这把钥匙,打开幸福之门。

如果你从事科学研究工作,独立思考是必不可少的能力之一。想要抵达人迹罕至的山顶,就不可能一直行走在平坦的大道上。同样,想要取得超越他人的成果,就必须突破传统的思维框架,从别人意想不到的角度,用非常规的方法来思考。历史上,任何能产生影响的设计、发明,都离不开研究者独立深入地研究问题,寻找解决方法。

即便你选择了平凡的人生,独立思考也不可或缺。想在错综复杂的社会环境里收获真正的幸福,就要懂得不随波逐流,不人云亦云,始终清醒地保持本心,而不是轻易被外界影响乃至误导。

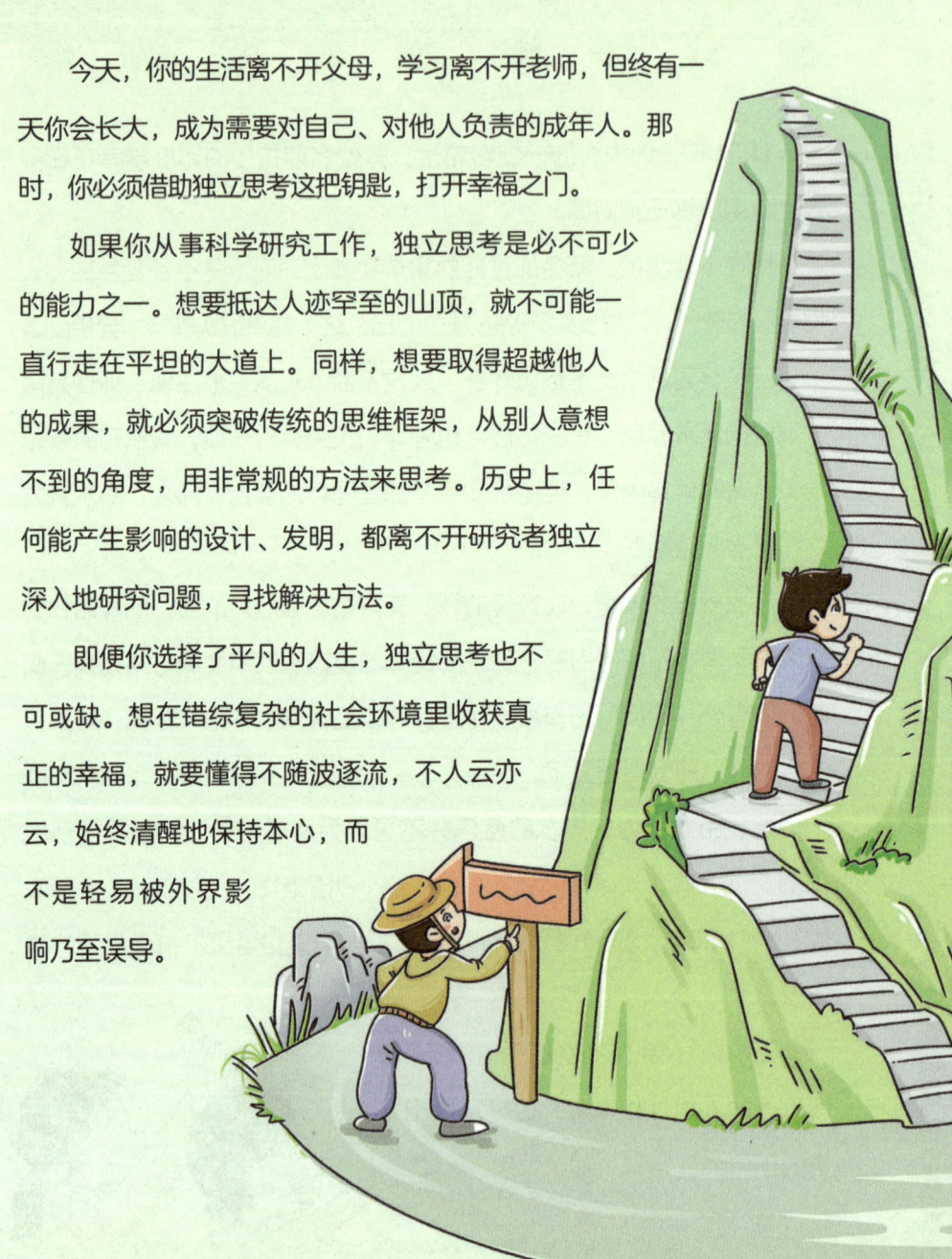

8 拥抱积极向上的人生

人生寄语

创新或许无法延长你的人生道路，但却能将之变得更加宽阔。

人生小贴士

1. 趁年轻，你要学会展开想象的翅膀。即便面对生活中司空见惯的事情，你也可以多设想新的可能、新的联系，这能极大地提升你的创造力。

2. 直觉思维和发散思维很重要。在发现和解决问题时，要珍惜那些突如其来的新想法，也要试着以某个问题为中心，不设限地向外发散，找到更多的答案。

动动手

来测试你的创新能力吧！

1. 你在作业里遇到从未学过的难题，你会怎样做？（　　　）

A. 直接放弃尝试　　B. 按照之前的经验做　　C. 在网上搜索答案　　D. 自己想办法

2. 你是否使用过新方法解决问题？（　　　）

A. 从来没有　　B. 老师要求时我才使用　　C. 偶尔想用　　D. 经常有奇思妙想

9

幸福究竟是什么?

生命里最重要的事

守护细节，守护幸福

幸福不是抽象的庞然大物，而是由无数细节组成的。一盘冒着热气的菜，一扇透明光洁的玻璃窗，一朵鲜艳娇美的花等等，都能带给你幸福感。

孩子，即便是身边看上去不太重要的事物，你也不能轻意疏忽，否则很可能横生意外，破坏你的生活体验，影响你的内心感受。这就是古人所说"一屋不扫，何以扫天下"的道理所在。

对环境如此，对个人的修为也应如此。个人言行的细节，就像心灵的窗口，能反映出一个人的内涵和境界，甚至可能成为其命运发展的注脚。很多人之所以能获得幸福，并非来自他人的恩赐，也不是承袭了祖先的遗产，而是他们在种种言行细节上养成了良好的习惯，并在关键时刻闪闪发光。

9 幸福究竟是什么

在航天航空领域，不只有波澜壮阔的大事件，更有无数决定胜负的小细节。细节不仅考验技术，也考验着从业者的素质。越是能掌控细节的人才，就越有可能成为优秀的宇航员。

历史上第一个进入太空的地球人，是苏联宇航员加加林。他之所以能从众多优秀的候选人中脱颖而出，很大原因是因为其严谨的工作态度和对细节充分掌控的能力。他每次进入模拟训练的座舱时，都会先一丝不苟地脱下鞋子。在苏联并没有这样的社会风俗，这完全是加加林出于不污染船舱的想法而养成的个人习惯。

相比之下，原本被看好的邦达连科却忽视了细节，他在训练结束后随手将酒精棉球丢到电极板上，酿成了火灾，自己也不幸遇难。

1986年，尽管人类的科学技术相比加加林时代已经前进了一大步，但挑战者号航天飞机却在起飞后仅73秒就爆炸了，机上的7名宇航员全部遇难，消息震惊世界。而悲剧的根源仅仅在于飞船右侧固态火箭推进器上的一个小配件。

生命里最重要的事

你的身边可能也有这样做事马马虎虎的人,即便看起来很简单的事情,他们就是无法做好。从写数学题到打扫卫生,从个人衣着到时间安排,不是这儿错一点,就是那儿漏一点,总是很难令人满意。

他们是不努力吗?当然不是。更多时候,他们只是不善于发现和处理小事,不善于坚持好习惯。

学会处理好细节,要从身边的事情做起。你的年龄还小,不可能承担太重要的任务,但父母和老师交给你做的每一件事,你都要用心对待。哪怕是日常生活中诸如洗漱、穿衣、整理房间这样的小事,也应该认真完成。

管控细节的习惯并非一朝一夕就能形成。你要始终控制好自己,不为外部环境所影响,随时修正问题,不断完善细节,直到将良好的习惯融入生活的方方面面。

9 幸福究竟是什么

人生寄语

人对细节的掌控力并非天生，而是来自后天养成。想要拥有幸福的人生，你就应时刻留心，注意每件小事，从而养成做事细致周全的习惯，最终改变自己。

人生小贴士

1. 万事万物都有自己的规律，只有按规律来生活，不断完善每一处细节，才能提高人生效率，获得美满幸福的生活。

2. 越是懂得自我控制，就越能在压力面前冷静从容，照顾好生活的每个细节。你要时常检查自身不足，修正那些看似微小的问题，不断消除隐患。

动动手

测试你的细节管理能力，用"是"或"否"回答。

1. 你会把课本和作业本按照科目分类，放入书包的不同隔层吗？（　　）

2. 你进入别人的教室时，能发现和自己班级有所不同吗？（　　）

3. 你会研究影视剧里不被人关注的部分吗？（　　）

4. 你做一件事会不会力求完美？（　　）

5. 你会注意到同学的外表变化吗？（　　）

生命里最重要的事

告别攀比，活出真我

我们活在世界上，既要为了实现目标而积极争取，也要学会知足，这样才不会失去快乐。

请记住，无论现在还是未来，都不要在物质层面和他人进行过多比较，这会严重影响你的幸福感。

我们当然可以追求高质量的生活。例如，父母会努力工作，然后买一辆新车，但他们这样做，是为了家人生活更加方便，而不是为了向别人证明什么，更不是为了攀比。

相比物质享受，你应该更珍惜创造价值的能力，而不只是期待坐享其成。要知道，享受亲手创造的价值，是世界上最开心的事情之一，你的享受问心无愧，要比享受父母或他人的血汗结晶更加快乐和自豪。

9 幸福究竟是什么

西晋时期，在晋武帝司马炎生活奢靡的影响下，朝臣们也纷纷忙于攀比斗富。其中最出名的要数石崇和王恺了。

石崇早年为人聪明敏捷，立下战功，做过大官，积攒了很多财富。王恺是晋武帝司马炎的舅舅，也非常贪图享乐，崇尚奢侈。

这两人在洛阳城里不断攀比斗富。

王恺在府邸门前的大路旁，用紫丝做成四十里长的屏障，洛阳城里的百姓都争相围观。石崇听说后，用更值钱的彩缎架设了五十里的屏障，取得了"胜利"。

王恺又吩咐仆人拿糖水当刷锅水。石崇听说后，就用蜡烛做柴火烧。这件事情传出去，人人都说石崇的生活更加奢侈。

王恺连输两局，晋武帝想暗中帮帮王恺，于是赐给他一株两尺高的珊瑚树。王恺请人来观赏珊瑚树，可正在大家啧啧称赞时，石崇却随手将珊瑚树打得粉碎。随后，他让人从家里搬来五六株珊瑚树，最矮的也有三尺多高，让王恺随便挑一株作为赔偿。从此之后，王恺再也不敢跟石崇比富了。

后来，这种攀比斗富的风气在朝中甚至民间愈演愈烈，为西晋的灭亡埋下了伏笔。

生命里最重要的事

和他人比较学习成绩，竞争荣誉称号，这些固然是你想要积极进步的表现，但是，请你千万不要忘记进步的意义。

在学习进取的道路上，你要和别人进行比较，才能发现他人的优点，找准自己的不足。但是，比较并不是攀比，你应制订切合实际的目标，而非陷入盲目的追逐，否则你注定会迷失方向。

进步不是为了超过别人，也不是为了获得父母、老师的喜爱。进步的意义在于其本身，在于对自我的塑造和改变。

在你成长的过程中，应该看到自己有怎样的变化和成就，了解自己改正了哪些缺点，克服了哪些问题。另外，你还要了解别人是如何进步的。这些才应该是比较的重点。

很多人终其一生都没弄明白：改变自己，才能进步。而进步，才是比较的意义。

9 幸福究竟是什么

人生寄语

真正懂得幸福的人，不会盲目羡慕别人拥有的一切，也不会攀比和抱怨。只要你努力提升了自己，用心经营了生活，你就是幸福的。

人生小贴士

1. 不要总是羡慕别人的物质享受，不妨转移关注点，更多地关注他人的性格特质。

2. 过分关注自己和别人的差距，容易扼杀你的幸福感。不必总想着"我们之中谁更优秀"，而是要明白"我只需要战胜我自己"的道理。

动动手

判断下面这些表现的对错，用"√"或"×"表示。

1. 同学买了双新的名牌篮球鞋，你马上也想让爸妈给自己买一双。（　　）

2. 有人学习成绩很差，但深受同学欢迎，你想不通。（　　）

3. 同学吹嘘自家有别墅，你并没有多羡慕。（　　）

4. 亲戚总问你考了多少分，你如实相告，并不觉得难堪。（　　）

生命里最重要的事

会变戏法的幸福指数

有人说,幸福等于能力除以愿望。如果按这个公式计算,那幸福指数看起来就像会"变戏法":

能力不变的时候,你的愿望高低,和幸福感高低成反比;

愿望不变的时候,那么能力的高低,就和你的幸福感高低成正比。

想提升人生的幸福感,你可以选择提升能力,或是降低愿望,还可以让二者齐头并进。

人的一生会面临各种各样的考验,你需要具备不一样的能力:生活能力、工作能力、交际能力、表达能力、理财能力……所有能力集于一身,才能让你面对不同的挑战时游刃有余,在人生的各个场合披荆斩棘。

9 幸福究竟是什么

有一天,一位富豪终于摆脱了繁重的工作,到海边散步。他看见一个衣着普通的渔夫正躺在沙滩上,悠闲地晒太阳。

富豪看了渔夫半天,忍不住开口问:"你这么闲,为什么不出海,多打几船鱼呢?"

渔夫反问道:"我为什么要多打几船鱼呢?"

富豪说:"那你就能挣更多的钱了。"

渔夫来了兴趣,继续问:"有了钱以后呢?"

富豪畅想:"你可以买更大的船,打更多的鱼。最后你就能在海边盖大房子,聘请工人,然后你就能清闲下来,像我这样到沙滩上散步晒太阳了。"

渔夫说:"但是,我现在就能在沙滩上晒太阳了啊。"

这个故事到这里就结束了。你同意富豪还是渔夫的观点呢?其实,他们的幸福观虽然不同,但并没有绝对的对错。

如果你倾向于提高能力,你会毫不犹豫地选择成为富豪。你希望凭借不断努力,获得更大的成功,满足更多的愿望。

如果你倾向于降低愿望,你会对渔夫的观点有更高的评价。你也可以选择像他一样,度过平凡但快乐的一生。

生命里最重要的事

每个人都有天赋上的优势和不足。有些事情,别人做起来可能很难,但你能比他们更快更好地完成。也有些事情,虽然你花费了很多时间去学着做好,但结果还是不尽如人意。

因此,除了继续努力提升能力外,你还要学着端正心态,调整愿望,学会将原本看似遥不可及的大目标拆分,调整成为一系列最适合自己的小目标。你会惊喜地发现,每实现其中一个小目标,你的幸福指数就会增加一分。即便你打开的成功之门和别人不同,但你的幸福感还是会提高。实际上,每个人最终都会遇到能力瓶颈,但愿望是可以调整的,幸福也是可以随心变化的。

当下,很多人误以为不断前进、不断超越自我,才能找到真正的幸福。但其实,坦然面对不完美,接纳真实的自己,才能找到专属于自己的幸福。

9 幸福究竟是什么

人生寄语

无论你多优秀、多努力，都不可能被所有人喜爱，也不可能取得所有领域的成功。幸福不是一个绝对值，而是内心的相对状态。

人生小贴士

1. 将一张纸分为左右两部分，在左边写下自己的优点和目标，在右边写下自己的缺点和能放弃的事情。这种方法能让你一眼看出自己的长处和短处，以及事情的利弊，便于做出抉择。

2. 幸福来源于发现未知的自我。请尝试做一些自己没做过的事，可以是认真听一节课，可以是尽全力地跑一次长跑，也可以是放松半天，什么都不去想。

动动手

收集"感恩点滴"，记录每天发生的令你开心的事。记住，再小的事情也能成为快乐的源泉。